玉米-大豆带状复合种植技术

杨文钰 等 著

科学出版社
北 京

内容简介

2020年中央一号文件指出"加大对玉米、大豆间作新农艺推广的支持力度"。本书结合著者们近20年来的研究成果，全面阐述了该新农艺技术的研究背景、发展历程、技术内涵、技术细则及示范推广过程中的问题和解决办法。全书共有八章，第一章主要介绍间套作及玉米-大豆带状复合种植技术的研究背景、发展历程与技术内涵；第二章至第七章为玉米-大豆带状复合种植过程中各环节的技术细则，包括品种选择与田间配置技术、整地与播种技术、施肥与化学调控技术、病虫草绿色防控及收获技术；第八章结合应用实践介绍了全国各生态区应用中出现的典型技术问题及思想意识误区。

本书由长期扎根生产一线经验丰富的高校教师撰写，技术可操作性与适用性强，编写内容深入浅出、图文并茂，适合基层农技干部、新型经营主体及相关科研人员与高校学生阅读。

图书在版编目(CIP)数据

玉米-大豆带状复合种植技术 / 杨文钰等著. —北京：科学出版社, 2021.11 (2022.8 重印)

ISBN 978-7-03-070584-6

Ⅰ.①玉… Ⅱ.①杨… Ⅲ.①玉米-栽培技术②大豆-栽培技术 Ⅳ.①S513②S565.1

中国版本图书馆CIP数据核字(2021)第226337号

责任编辑：孟 锐/责任校对：彭 映
责任印制：罗 科/封面设计：墨创文化

科学出版社出版

北京东黄城根北街16号
邮政编码：100717
http://www.sciencep.com

成都锦瑞印刷有限责任公司印刷

科学出版社发行 各地新华书店经销

*

2021年11月第 一 版 开本：A5（890×1240）
2022年8月第二次印刷 印张：4 3/8
字数：139 000

定价：48.00元

（如有印装质量问题，我社负责调换）

撰写人员

杨文钰　雍太文　王小春　张黎骅　刘卫国

常小丽　尚　静　杨　峰　杨继芝　韩丹丹

李　赫　刘　江　吴雨珊　蒲　甜　杨　欢

序

玉米、大豆是我国重要粮油饲作物，需求量巨大。由于同为春、夏播旱粮作物，争地矛盾十分突出。长期以来，国家一直采用“发展玉米，进口大豆”策略，基本保证了两大农产品的需求；中美贸易摩擦后，玉米库存量较大，大豆进口受到影响，国家调整策略为“压减玉米，扩大大豆面积”，提升大豆产能，但仍有85%以上的大豆依赖进口；2019年国家提出稳定玉米生产，同时实施大豆振兴计划，多途径扩大种植面积；2020年提出加大对大豆新品种和玉米、大豆间作新农艺推广的支持力度；2021年，面对玉米库存减少、价格上涨的局面，国家提出稳定大豆面积，增加玉米面积。由此可见，玉米、大豆争地矛盾带来的巨大供需缺口始终是困扰粮食安全的一大难题。玉米-大豆带状复合种植技术在保证玉米不减产的情况下，增收一季大豆，为国家保证玉米产能、大幅度提高大豆自给率提供了新途径，对于缓解玉米大豆争地矛盾、保证国家粮食安全意义重大。在2020年《关于抓好“三农”领域重要工作确保如期实现全面小康的意见》精神推动下，各适宜区域加快了该技术的示范推广应用，取得了较好的增产增收效果。但是，由于技术人员和种植户对技术理解不准确、技术要领掌握不到位，技术优势没有得到充分发挥，因此需要一本浅显易懂，便于广大技术人员、种植户理解掌握的科普读物。

《玉米-大豆带状复合种植技术》的编写出版，正是适应我国玉米、大豆产业发展和广大种植户的需要，针对生产中对玉米-大豆带状复合种植常出现的认识和技术问题，简明扼要地阐述了玉米-大豆带状复合种植技术的研究背景、发展历程、技术内涵和示范推广中存在的问题，以图文并茂的方式详细、形象地介绍了田间配置、耕地、播种、施肥、水分管理与化学调控、病虫草害防除及收获等关键环节的技术要领。

本书具有以下鲜明的特点：一是阐述了耕、种、管、收各个环节的机械化生产技术，展现了带状间套作全程机械化；二是每个技术环节均采用图文并茂、列表呈现的方式予以阐述，通俗易懂；三是技术覆盖了西南带状间套作区、黄淮海夏玉米夏大豆带状间作区以及西北、东北春玉米春大豆带状间作区，区域针对性强。

本书的出版发行，必将助推我国玉米-大豆带状复合种植标准化和规模化生产，进一步挖掘复合种植潜力，充分发挥其优势，对保障我国玉米大豆粮油安全将产生重要的作用。

第十三届全国人民代表大会农业与农村委员会主任委员

陈锡文

2021 年 5 月 8 日

前　　言

玉米、大豆是我国的大宗粮油饲农产品，常年需求玉米 3.3 亿吨、大豆 1.1 亿吨。玉米、大豆为同季旱粮作物，以净作生产方式满足两者的需求，需用近 15 亿亩耕地。靠大幅度增加耕地面积实现玉米、大豆自给是不可能的，玉米、大豆争地矛盾始终是困扰我国粮油安全的“卡脖子”难题。长期的高投入带来了高产出，同时产生了严重资源浪费和环境污染，高产出与可持续的冲突是我国作物生产面临的重大挑战。间、套、轮作具有解决上述难题和挑战的有益“基因”，但传统玉米、大豆间套作长期存在田间配置不合理、大豆倒伏严重、施肥技术不匹配和病虫草防控技术缺乏等瓶颈问题，导致产量低而不稳、机具通过性差、轮作困难，不能融入现代农业。为此，我们历经 20 年的研究与应用，创建了带状复合种植“两协同一调控”理论体系，填补了间套作应用基础理论的空白；创新了带状复合种植核心技术与配套技术，破解了间套作高低位作物不能协调高产与绿色稳产的难题；研制出密植分控播种施肥机、双系统分带喷雾机、窄幅履带式收获机，突破了强优势间套作难以机械化的瓶颈。2003～2020 年全国累计推广 8960 万亩，新增经济效益 311 亿元，新增大豆 1120 万吨，减施纯氮 35.85 万吨，产生了显著的社会、经济和生态效益，对四川和西南大豆种植面积逆势上扬、成为全国第五大大豆主产省和全国大豆第三大优势产区起到了决定性作用。该技术连续 12 年入选国家和四川省主推技术，2019 年遴选为国家大豆振兴计划重点推广技术，2020 年中央一号文件指出“加大对玉米、大豆间作新农艺推广的支持力度”。成果获 2019 年度四川省科技进步一等奖。盖钧镒等 10 位院士 21 位同行专家评价认为：“该成果在间套作理论、技术、机具和应用方面取得重大突破，整体处于国际领先水平。”

在各级党委政府的高度重视下，我国玉米-大豆带状复合种植得到了快速发展，呈现由南方向北方、由丘陵山区向平原地区扩展的态势，形成了以西南为重点，辐射西北、黄淮海、东北地区的新格局。实践表明，这项技术是扩大大豆种植面积、提升大豆产能的有效手段，也是构建绿色种植制度的有效探索，具有一田双收稳粮增豆、一种多效用养结合、一技多用前景广阔的优势。

为进一步加快玉米-大豆带状复合种植技术推广应用，让广大农技人员和种植户全面掌握技术要点、准确把握技术关键，充分发挥技术的增产增收潜力，农业农村部种植业管理司、全国农业技术推广服务中心组织我们撰写了《玉米-大豆带状复合种植技术》科普读物，针对生产实践中对玉米-大豆带状复合种植的认识偏见和技术问题，通过简练、易懂、富有趣味性的文字，清晰、真实的照片以及生动、简洁的插图，全面介绍了玉米-大豆带状复合种植技术的研究背景、发展历程、技术内涵、技术细则及示范推广中存在的问题。该书适合广大从事农业生产管理、技术推广、科研教学、玉米大豆种植的人员使用，可作为玉米大豆主产区技术培训教材。

由于撰写水平所限，疏漏之处在所难免，敬请读者批评指正。

著　者

目　　录

第一章　概　　述

第一节　间套作的发展

一、间套作的概念

（一）间作

间作是指在一个生长季内，在同一块田地上分行或分带间隔种植两种或两种以上作物的种植方式，如西北地区的小麦-胡麻间作（图1-1）、华南地区的木薯-大豆间作（图1-2）。

图1-1　小麦-胡麻间作

图 1-2　木薯-大豆间作

（二）套作

套作是指在前季作物生长后期，在其行间或带间播种或移栽后季作物的种植方式，如西南地区的小麦-玉米套作（图 1-3）、玉米-大豆套作（图 1-4）。

图 1-3　小麦-玉米套作

图 1-4 玉米-大豆套作

二、间套作的类型及分布

(一) 类型

根据组合作物类型进行分类，用于间套作的作物科属有：禾本科(玉米、高粱、小麦、小米、大麦、燕麦、甘蔗等)、豆科(大豆、蚕豆、豌豆、花生、苜蓿、菜豆、鹰嘴豆等)、十字花科(油菜、芥菜等)、菊科(向日葵)、锦葵科(棉花、秋葵)、旋花科(甘薯)、茄科(马铃薯)、大戟科(木薯)等。常见搭配为禾本科-禾本科、禾本科-豆科间套作，如小麦-玉米套作、玉米-大豆间作、甘蔗-大豆间作。

根据二氧化碳同化途径分类，用于间套作的作物有碳三作物(小麦、大麦、小米、大豆、蚕豆、豌豆、花生等)和碳四作物(玉米、高粱、甘蔗)，常见搭配为碳四-碳三和碳三-碳三组合，如玉米-大豆间作、小麦-大豆套作。

根据作物株型特征分类，有高秆与矮秆搭配、等高作物搭配，如高-矮搭配中的玉米-大豆间作、玉米-花生间作等，等高搭配中的小麦-蚕豆套作、小麦-大豆套作等。

根据组成作物的总体密度是否改变分类，可分为叠加型和替换型间套作。叠加型间套作系统中组成作物的相对密度之和大于1而小于等于2，替换型间套作系统的组成作物的相对密度之和等于1。

（二）分布

间套作在亚洲、欧洲、非洲、美洲、大洋洲等地被广泛应用。亚洲主要集中于中国、印度、伊朗等国家，以禾本科-豆科、禾本科-禾本科间套作为主，如玉米-大豆、小麦-大豆、玉米-马铃薯、小麦-豌豆等间套作；欧洲主要分布在地中海沿岸和大西洋沿岸国家，多采用豆科饲草-禾本科组合的混播、间作和套作等；非洲主要在南非、尼日利亚、埃塞俄比亚、肯尼亚等国家，多采用地方作物进行混播和间套作，例如木薯-大豆、木薯-秋葵、秋葵-玉米、马铃薯-豇豆和秋葵-豇豆等组合；美洲主要分布在北美洲的美国和南美洲的巴西，以禾本科-豆科间套作为主；大洋洲主要集中在澳大利亚的布里斯班和珀斯地区，以豆科-禾本科间套作为主。

中国间套作类型主要为禾本科-禾本科（玉米-小麦等）、禾本科-豆科（玉米-大豆、小麦-蚕豆等）组合。根据中国农作物分布区域的气候特点，全国间套作区域可分为四个板块：东北区域、西北区域、黄淮海区域和西南华南区域。东北区域一年一熟，采用间作，如玉米-大豆间作；西北区域为一年一熟或两年三熟，采用间作或套作，如玉米-大豆间作、小麦-大豆套作；黄淮海区域一年两熟，采用间作，如玉米-大豆间作；西南华南区域为一年两熟和一年三熟，采用套作或间作，如小麦-玉米-大豆套作或小麦收获后玉米-大豆间作。

三、间套作的历史与作用

（一）历史悠久

间套作是中华民族发明创造的传统农业技术瑰宝，是我国精耕细作农业的重要组成部分。根据史料记载，中国的间套作始于汉代，初步发展于魏晋南北朝，持续发展于唐、宋、元，大发展于明清。间套作最早由西汉的氾胜之记录于《氾胜之书》中；后魏农学家贾思勰通过总结《氾胜之书》，并补充农作经验著成《齐民要术》；发展至元朝时，积累了大量间套作经验，著成了《农桑辑要》；间套作在明清达到应用的高峰，著有《知本提纲》；民国年间，农业凋敝，农民为求温饱，仍然使用间作套种，如东北地区的“麦沟豆”，华北地区的高粱间种黑黄豆等。新中国成立后，为应对人口与粮食危机，间作套种技术得到了广泛应用，粮食、蔬菜、林果等农林间套复种技术层出不穷，提高了土地产出率和粮食生产能力；进入21世纪，随着现代农业的发展，高产出、机械化和可持续成为间套作应用的新要求，传统间套作技术得以创新发展，如2020年中央一号文件要求加大力度推广的玉米大豆间作新农艺——玉米-大豆带状复合种植技术。

（二）作用突出

间套作是世界公认的集约利用土地和农业可持续发展的传统种植模式，众多研究证实间套作既能确保作物的良好生长，又能相互促进、补充、克服或减少共生期矛盾，提高土地产出率。如小米-大豆间作较小米单作可增产26%，玉米-大豆间作下的玉米产量较单作玉米产量提升 13%～16%。间套作在一定程度上解决了粮食作物和棉、油、蔬菜、绿肥之间的争地矛盾，正成为许多国家解决粮食安全的有效途径。

成熟期不同或形态不同的作物间套时，光的利用是决定作物产量高低的重要因素。以玉米为代表的碳四作物与以大豆、花生等为代表的碳三作物间套作有明显的光能利用优势。对玉米带状间套作研究表明，间套作较玉米单作光能利用率提高了45%左右。

浅根构型和深根构型组合的间套作系统通过水资源利用的生态位分离实现水分的高效利用，而作物-绿肥间套作系统可通过绿肥对地面的覆盖增强土壤的保水能力，有利于提高水分利用效率。

利用作物根系深浅程度的差异吸收不同生态位的营养物质以提

高对养分的利用效率，间套作节肥效果明显。如小麦(大麦)与菜豆(豌豆)间作，豌豆(菜豆)的氮肥利用率较单作提高30%～40%；间作还可促进豆科植物根瘤固氮，与黑麦、玉米、水稻等作物间作的豆科植物固氮量可增加11.9～16.1千克/亩(1亩≈666.7平方米)；大豆与甘蔗间作，根瘤固氮酶活性提高57.4%，根际土壤氮素有效性提高66%。

第二节 玉米-大豆带状复合种植技术及其发展

一、背景及意义

玉米、大豆是我国的大宗农产品，需求量巨大，仅靠单作难以满足需求，争地矛盾是长期困扰我国粮食安全的一大难题。高投入种植技术和连作获得了高产出，但资源过度消耗、耕地质量下降、环境污染加重，难以可持续，如何实现“高产出”与“可持续”的统一是作物生产面临的一大挑战。间套轮作具有“生态可持续、集约利用资源”等有益“基因”，通过传承创新，实现玉米大豆间套轮作一体化和现代化是解决上述难题和挑战的有效途径。传统玉米大豆间套作长期缺乏系统的高产稳产与资源高效利用理论支撑，技术上因田间配置不合理、大豆倒伏严重、施肥技术不协同和病虫草防控技术缺乏等瓶颈问题，产量低而不稳、难以高产出，机具通过性差、难以机械化，轮作困难、难以可持续，不能融入现代农业。为此，我们以“高产出、机械化、可持续”为目标，综合运用多学科理论与方法，创新关键理论、技术和机具，历经20年，构建了“两协同、一调控”资源利用和株型调控理论，研发出“选配品种、扩间增光、缩株保密”核心技术和“减量一体化施肥、化控抗倒、绿色防控”配套技术，率先实现了“作物协同高产、机具通过、分带轮作”三融合，“品种、扩间距与化控”三融合，“根际营养理论、施肥技术与施肥机具”三融合，“有害生物发生规律、防控策略与防治技术”三融合，填补了“解决低位作物倒伏”“光肥资源协同利用”“间套作绿色综合防控”的技术空白，破解了间套作高低位作物不能协调高产与绿色稳产的世界难题。研制出了相匹配的种管收作业机具，实现了农机农艺高度融合，破解了单、双子叶作物不能同步化学除草的世界难题，填补了间套作无配套农机具的空白。形成了“适于机械化作业、作物高产高效和分带轮作”同步融合的技术体系，制定了首部间套作国家行业标准，引领了间套作技术发展方向和标准化应用，突破了种植面积扩大难这个大豆产业发展瓶颈，为保证国家玉米产能、提高大豆自给率提供了新途径，对保障国家粮食安全具有重要战略意义。

二、发展历程

2001～2005 年，针对四川盆地丘陵旱地土壤瘠薄、水土流失、土壤肥力不断下降等问题，2001 年四川农业大学杨文钰教授团队提出以豆科作物替代耗地作物甘薯的新思路，通过大豆、绿豆、红豆等的比较研究，形成了丘陵旱地“小麦-玉米-大豆”新三熟框架。2002 年开始在四川省天全县仁义乡进行试验示范，2003 年在四川省天全县、乐至县、大英县小面积示范并获得较好收成，2004 年四川省天全县、乐至县、大英县 5000 亩示范获得成功，2005 年在四川省 11 个县(区)示范总面积达 3.5 万亩。通过“十五”期间的研究与示范，明确了“麦-玉-豆”新三熟模式的技术创新点与特点，初步形成了“麦-玉-豆” 新三熟模式的高产栽培技术要点。

2006～2010 年，团队开展了套作大豆的耐荫与旺长机理及其拌种壮苗技术、化学控旺技术、群体调节技术及农机农艺配套技术等研究，形成了以种子处理、播期调节、化学控旺等技术为关键的“麦-玉-豆”高产高效栽培技术体系。随着该技术的大面积应用，四川省套作大豆实现跨越式发展，面积逐年增加。2006 年川渝大旱之年套作大豆喜获丰收，该技术在 2007 年被列入四川省委一号文件加以推广，2008 年被列为全国农业主推技术、西南区获设首个国家大豆产业技术体系间套作大豆栽培岗位，2009 年四川省示范推广套作大豆

480 万亩，首次迈入全国大豆主产省行列。2010 年全国大豆间套种技术培训暨现场观摩会在自贡市召开，有力推动了南方间套作大豆的发展。

2011～2015 年，本团队由“麦-玉-豆”三熟套作模式聚焦到玉米-大豆间套作二熟模式的研究，对玉米-大豆带状复合种植系统中光能分布与光能利用规律、大豆耐荫抗倒机制、氮素循环与种间互补规律开展了深入系统研究，创建了核心技术与配套技术，研发了播种和收获机具。2011 年杨文钰教授在中国作物学会年会暨 50 周年庆祝大会上首次正式提出玉米-大豆带状复合种植概念。2012 年，中央农村工作领导小组办公室对四川、山东、吉林的玉米-大豆带状复合种植模式进行专题调研，2013 年 3 月 12 日的《农村要情》做了专题报告。2014 年底首部间套作国家行业标准颁布实施。2015 年 8 月 7 日，国务院办公厅印发《关于加快转变农业发展方式的意见》（国办发〔2015〕59 号），明确提出“要大力推广轮作和间作套作，重点在黄淮海及西南地区推广玉米-大豆间作套种”。

2016～2020 年，随着玉米-大豆带状复合种植技术参数的日益完善，技术应用效果越来越显著，全国各地高产典型不断涌现，引起了各级政府及专家学者的关注与高度重视，技术逐步由四川走向全国。2016 年，四川省仁寿县珠嘉镇百亩示范片玉米、大豆平均亩产分别为 650 千克和 128 千克；2017 年、2018 年，在四川省仁寿县、甘肃省张掖市、山东省德州市分别建立了千亩示范片，并组织专家进行了测产验收或考察评价，玉米平均亩产与当地单作相当，带状套作大豆亩产 130 千克以上、带状间作大豆亩产 100 千克以上；2019 年 3 月，国家《大豆振兴计划实施方案》公布，明确提出要重点推广玉米-大豆带状复合种植等增产增效技术；2020 年 2 月 5 日，中央一号文件《关于抓好“三农”领域重点工作确保如期实现全面小康的实施意见》指出“加大对玉米、大豆间作新农艺推广的支持力度”。至此，玉米-大豆带状复合种植技术进入了全国发展快车道。

三、概念及区别

(一)概念

玉米-大豆带状复合种植技术是在传统间套作的基础上创新发展而来的，采用两行小株距密植玉米带与2～6行大豆带间作套种，充分利用边行优势，年际间交替轮作，适应机械化作业，作物间和谐共生的一季双收种植模式。包括玉米-大豆带状套作与带状间作两种类型。

玉米-大豆带状套作(图1-5)，两作物共生时间少于全生育期的一半，通常先播种玉米，在玉米的抽雄吐丝期播种大豆，玉米收获后大豆有相当长的单作生长时间，能充分利用时间和空间。

玉米-大豆带状间作(图1-6)，两作物共生时间大于全生育期的一半，玉米、大豆同时播种、同期收获，大豆中后期受到与之共生的玉米影响，能集约利用空间。

图1-5　玉米-大豆带状套作

图 1-6　玉米-大豆带状间作

(二)与传统玉米-大豆间套作模式的区别

第一，田间配置方式不相同。根据高位主体、高低协同的田间配置原理，一是带状复合种植采用 2 行玉米∶2～6 行大豆行比配置，年际间实行带间轮作(图 1-7)；而传统间套作多采用单行间套作、1 行∶2 行或多行∶多行的行比配置，作物间无法实现年际间带间轮作(图 1-8)。二是带状复合种植的两个作物带间距大、作物带内行距小，降低了高位作物对低位作物的荫蔽影响，有利于增大复合群体总密度；而传统间套作的作物带间距与带内行距相同，高位作物对低位作物的负面影响大，复合群体密度增大难。三是带状复合种植的株距小，两行高位作物玉米带的株距要缩小至保证复合种植玉米的密度与单作相当，以保证与单作玉米产量相当，而大豆要缩小至达到单作种植密度的 70%～100%，多收一季大豆；而传统间套作模式都采用同等大豆行数替换同等玉米行数，株距也与单作株距一样，使得一个作物的密度与单作密度相比成比例降低甚至仅有单作的一半，产量不能达到单作水平，间套作的优势不明显。

图 1-7　玉米-大豆带状间作模式

图 1-8　玉米大豆等行距 1∶1 间作模式

第二，机械化程度不同、机具参数不同。玉米-大豆带状复合种植通过扩大作物带间宽度至播、收机具机身宽度，大大提高了机具作业通过性，使其达到全程机械化，不仅生产效率接近单作，而且降低了间套作复杂程度，有利于标准化生产。传统间套作受不规范行比影响，生产粗放、效率低，要么因 1 行∶1 行(或多行)条件下行距过小或带距过窄无法机收；要么因提高机具作业性能而设计的多行∶多行，导致作业单元宽度过大，间套作的边际优势与补偿效应得不到发挥，限制了土地产出功能，土地当量比仅仅只有1～1.2(一亩地产出了1～1.2亩地的粮食)，甚至小于1。玉米-大豆带状复合种植的作业机具为实现独立收获与协同播种施肥作业，机具参数有特定要求。一是某一作物收获机的整机宽度要小于共生作物相邻带间距离，以确保该作物收获时顺畅通过；二是播种机具有2个玉米单体，且单体间距离不变，根据区域生态和生产特点的不同调整玉米株距、大豆行数和株距，尤其是必须满足技术要求的最小行距和最小株距；三是根据玉米、大豆需肥量的差异和玉米小株距，播种机的玉米肥箱要大、下肥量要多，大豆肥箱要小、下肥量要少。

第三，土地产出目标不同。间套作的最大优势就是提高土地产出率，玉米-大豆带状复合种植本着共生作物和谐相处、协同增产的目的，玉米不减产，多收一季大豆。玉米、大豆的各项农事操作协同进行，最大限度减少单一作物的农事操作环节，增加成本少、产生利润多，投入产出比高。该模式不仅利用了豆科与禾本科作物间套作的根瘤固氮培肥地力，还通过优化田间配置，充分发挥玉米的边行优势，降低种间竞争，提升玉米、大豆种间协同功能，使其资源利用率大大提高，系统生产能力显著提高，复合种植系统下单一作物的土地当量比均大于1或接近1，系统土地当量比在1.4以上，甚至大于2；传统间套作偏向当地优势作物生产能力的发挥，另一个作物的功能以培肥地力或填闲为主，生产能力较低，其产量远低于当地单作生产水平，系统的土地当量比仅为1.0～1.2。

第三节　玉米-大豆带状复合种植技术的内涵

一、特点

(一)高产出

玉米-大豆带状复合种植通过高秆作物与矮秆作物、碳三作物与碳四作物、养地作物与耗地作物搭配，复合系统光能利用率达到4.05

克/兆焦，带状间作和带状套作系统土地当量比分别达到 1.42 和 2.36(分别相当于 1 亩地产出 1.42 亩和 2.36 亩地的粮食)；应用该技术后的玉米产量与当地单作产量水平相当，新增带状套作大豆 130～150 千克/亩，新增带状间作大豆 100～130 千克/亩；玉米籽粒品质与单作相当，大豆籽粒的蛋白质和脂肪含量与单作相当，异黄酮等功能性成分提高 20%以上；亩增产值 400～600 元(表 1-1)。既增加农民收入，又在不减少粮食产量的前提下增加优质食用大豆供给。

表 1-1　带状复合种植与单作玉米产值、成本和利润对比分析

项目	产量/(千克/亩)		产值/(元/亩)			成本投入/(元/亩)				净利润/(元/亩)
	玉米	大豆	主产品	副产品	总产值	物质	人工	土地	总成本	
带状套作	520	137	1619	185	1804	413	510	242	1165	639
单作玉米	536	—	1018	178	1196	290	360	242	892	304
带状间作	568	132	1606	201	1807	435	400	350	1185	622
单作玉米	577	—	1096	192	1288	405	320	350	1075	213

(二) 机械化

通过扩大带间距离至 1.8～2.6 米、缩减农机具结构参数、优化传动机构，调整农机农艺参数，提高了播种收获机具的通过性与作业效率，研制出了适宜带状间作套种的播种机(图 1-9)、植保机及收获机(图 1-10)，实现了播种、田间管理与收割全程机械化。

(三) 可持续

该技术根据复合种植系统中玉米、大豆需氮特性，玉米带与大豆带年际间交换轮作，自主研制了专用缓释肥与播种机，优化了施肥方式与施肥量，一次性完成播种与施肥作业，每亩减施纯氮 4 千克以上(图 1-11)。根据带状复合种植系统的病虫草发生特点，提出了“一施多治、一具多诱、封定结合”的防控策略，研发了广谱生

图 1-9 玉米-大豆带状间作免耕覆秸播种

图 1-10 玉米-大豆带状间作机收玉米

(a)

(b)

图 1-11 多年定位试验施氮与不施氮下的单套作玉米、大豆田间长势［(a)为套作，(b)为单作］

防菌剂、复配种子包衣剂、单波段 LED 诱虫灯结合性诱剂、可降解多色诱虫板、高效低毒农药及增效剂等综合防控产品，创制了播前封闭除草、苗期茎叶分带定向喷药相结合的化学除草新技术，农药施用量减少 25%以上。

(四)抗风险

玉米-大豆带状复合种植将高秆的禾本科与矮秆的豆科组合一起，互补功能对抵御自然风险具有独特的作用，特别是在耐旱、耐瘠薄、抗风灾上显示出突出效果。相对单作玉米或大豆，带状复合种植后作物根系构型发生重塑，既增强了根系对养分的吸收，又增强植株的耐旱能力；行向与风向一致，宽的大豆带有利于风的流动，玉米倒伏降低；有效弥补了单一玉米或单一大豆种植因其价格波动带来的增产不增收问题。

二、用途

该技术模式用途广泛，不仅可用于粮食主产区籽粒型玉米、大豆生产，解决当地的粮食增产问题。还可用于沿海地区或都市农业区鲜食型玉米、大豆生产，结合冷冻物流技术，发展出口型农业，解决农民增收问题。在畜牧业较发达或农牧结合地区，可利用玉米、大豆混合青贮技术，发展玉-豆-畜循环农业。

第一，籽粒型。运用收获籽粒的玉米、大豆品种进行带状复合种植。

第二，鲜食型。运用鲜食玉米品种和鲜食毛豆品种进行带状复合种植。

第三，青贮型。运用青贮玉米品种或粮饲兼用型玉米品种与饲草大豆品种或青贮大豆品种带状复合种植。

第四，绿肥型。籽粒玉米品种与绿肥大豆品种带状复合种植，玉米粒用，大豆直接还田肥用。

三、效果

（一）效益情况

第一，经济效益显著。本技术在保证玉米稳产的基础上，增收一季大豆，粒用玉米-大豆带状复合种植较单作玉米在成本投入增加191.5元/亩的条件下，亩产值提高563.5元、亩利润提高372元；鲜食玉米-大豆带状复合种植亩均增效1300元，青贮饲用玉米-大豆带状复合种植亩均增效1100元。

第二，社会效益突出。本技术的大面积应用不仅可增加单位面积纯收入，而且在玉米总产不减的同时，新增加的粒用大豆可缓解我国大豆供需矛盾；青贮玉米-大豆带状复合种植与混合青贮技术可为草食畜牧业提供优质混合青贮饲料；全程机械化作业可有效缓解农村劳动力紧缺的压力，提高农业机械化水平。

第三，生态效益明显。本技术传承了传统间套作的生态可持续优势，相对传统玉米-甘薯套作减少土壤流失量10.8%、减少地表径流量85.1%；相对传统单作，带状复合种植可增加土壤有机质含量20%、增加土壤总有机碳7.24%、增加作物固碳能力18.6%，使年均氧化亚氮和二氧化碳排放强度分别降低 45.9%和 15.8%；利用生物多样性、分带轮作和小株距密植降低病虫草害发生，农药施用量降低 25%以上，用药次数减少 3～4 次。

（二）应用情况

玉米-大豆带状复合种植技术历经二十余年的研究与示范推广，技术日臻成熟。该技术 2008～2020 年被列为全国农业主推技术，2012 年被列为农业部农业轻简化实用技术，2019 年被遴选为国家大豆振兴计划重点推广技术。在示范推广过程中，研发单位四川农业大学自主构建了“三融合转化体系、四圈层推广网络、五结合培训模式”推广新机制，与各级推广部门一道在四川省仁寿县、山东省禹城市、河北省石家庄市藁城区、内蒙古包头市、河南省永城市等地成功创建了千亩示范方、百亩示范田，全面实现了“玉米不减产、增收一季豆”的技术目标，使该技术在我国西南地区进行了大面积推广，年均应用面积 800 万亩以上；在黄淮海、西北及东北地区进行了试验示范。目前已在四川、重庆、云南、贵州、广西、甘肃、宁夏、内蒙古、山东、河北、安徽、河南等 20 个省（区、市）推广应用。据不完全统计，该成果 2003～2020 年累计推广 8960 万亩，其中，四川省推广应用 5316 万亩，技术覆盖率达到 75%以上。

（三）应用前景

2019 年 5 月 19 日和 2020 年 12 月 21 日，中国农学会和四川省农村科技发展中心聘请盖钧镒院士、刘旭院士、陈温福院士、朱有勇院士、万建民院士、张洪程院士、宋宝安院士、陈学庚院士、张福锁院士、邓兴旺院士等 21 位专家分别对本成果进行了第三方评价，专家组一致认为：“该成果在间套作理论、技术、机具和应用方面取得重大突破，整体处于国际领先水平。”该项技术成果曾荣获 2017 年中国作物学会中国作物科技奖和 2019 年四川省科技进步奖一等奖。

该项技术的经济、社会和生态效益十分显著，连续 12 年入选国家和省主推技术。2020 年中央一号文件指出“加大对玉米、大豆间作新农艺推广的支持力度”，农业农村部办公厅农办农〔2020〕1 号文件要求“因地制宜在黄淮海和西南、西北地区示范推广玉米、大豆带状复合种植技术模式，拓展大豆生产空间”。可见，该技术是保证国家玉米产能和提高大豆自给率的有效途径，应用前景广阔，适宜于长江流域多熟制地区、黄淮海夏玉米及西北、东北春玉米产区。根据我国现有玉米种植面积，按其 80%进行带状间套种植，年均潜力面积可达 5.04 亿亩，玉米总产 2.52 亿吨，多产大豆 5544 万吨；按其 50%计算，年均潜力面积也可达到 3.15 亿亩，玉米总产 1.58 亿吨，多产大豆 3465 万吨。

第二章　田间配置技术

第一节　品 种 选 配

一、品种搭配效应

（一）玉米不同株型品种对大豆光截获的影响

玉米按株型结构可分为平展型、半紧凑型和紧凑型三种类型。平展型玉米是指玉米穗位叶片与主茎间的夹角大于 30° 的品种[图 2-1(a)]，植株高、叶片大，耐密性差，在西南山区还有较大的种植面积，与大豆带状间套作后，大豆冠层的平均透光率仅为 40%左右(图 2-2)，对大豆生长极为不利，严重时带状套作大豆难以成苗，带状间作大豆后期倒伏，落花落荚。半紧凑型玉米品种是指玉米穗位叶片与主茎夹角为 15°～30° 的品种[图 2-1(b)]，此类品种株型、叶片大小适中，是目前西南丘陵地区主推品种，西北、东北春玉米区生产中也有部分应用，与大豆带状间套作后，大豆冠层平均透光率可提高到 50%左右(图 2-2)，大豆生长的光环境得到明显改善，生长良好。紧凑型玉米品种是指玉米穗位叶片与主茎间的夹角小于 15° 的品种[图 2-1(c)]，此类品种株型收敛、叶片小、耐密性好，黄淮海、东北和西北主推品种中大多属于此种类型，与大豆带状间套作后，大豆冠层透光率可达 60%左右(图 2-2)，有利于两作物和谐共生和高产。

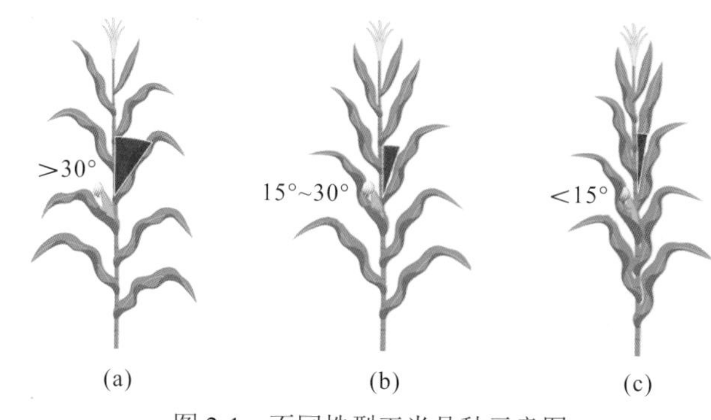

图 2-1 不同株型玉米品种示意图

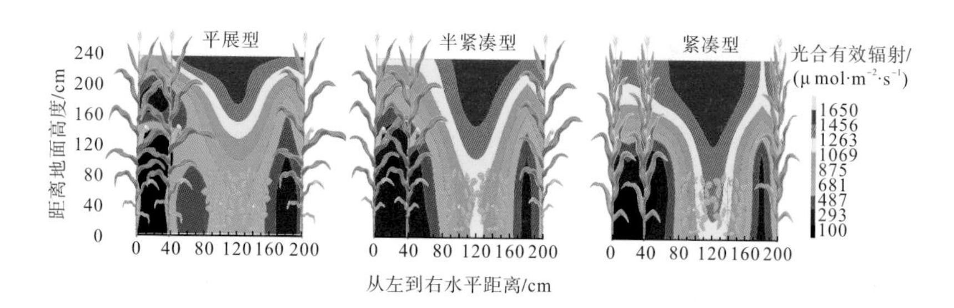

图 2-2 玉米不同株型与大豆带状间套作大豆光截获对比

(二)大豆不同耐荫品种对荫蔽的响应差异

带状套作下，适合套作种植的耐荫型大豆品种苗期受到玉米荫蔽胁迫后，主茎粗壮，节间不会过度伸长，倒伏率低；玉米收获后分枝发生快，结荚多，产量高。不耐荫型大豆苗期受到玉米荫蔽胁迫后，节间过度伸长，主茎细而长，倒伏率高；玉米收获后恢复生长慢，分枝少，结荚少，产量低(图 2-3)。

带状间作下，大豆花前不受玉米荫蔽的影响。不耐荫大豆品种花后受玉米荫蔽影响较大，茎秆较细弱，易倒伏；落花落荚，单株荚数少，产量低。耐荫大豆品种花后受玉米荫蔽的影响较小，光合产物向茎秆和荚果输送多，茎强不倒，落花落荚少，灌浆充分，单株荚数较多，产量高(图 2-4)。

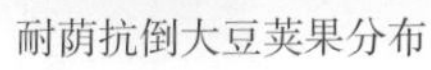

耐荫抗倒大豆荚果分布　　不耐荫不抗倒大豆荚果分布

图 2-3　带状套作种植中大豆不同耐荫和抗倒程度品种结荚情况对比

单作大豆　　带状间作大豆

图 2-4　耐荫性大豆品种在带状间作与单作种植中结荚情况对比

二、品种选配参数

玉米-大豆带状复合种植技术目标是保证带状复合种植玉米与单作玉米相比不减产，增收一季大豆，实现玉米大豆双丰收。按照此要求，遵循“高位(玉米)主体，高(玉米)低(大豆)协同”的品种选配原理，通过多年多生态点的大田试验，明确了适宜带状复合种植的玉米大豆品种选配参数。

(一) 玉米品种

生产中推荐的高产玉米品种，通过带状复合种植后有两种表现，一是产量与其单作种植差异不大，边际优势突出，对带状复合种植表现为较好的适宜性；二是产量明显下降，与其单作种植相比，下降幅度达 20%以上，此类品种不适宜带状复合种植密植栽培环境。宜带状复合种植的玉米品种应为紧凑型、半紧凑型品种，穗上部叶片与主茎的夹角为21°～23°，棒三叶叶夹角为26°左右，棒三叶以下叶夹角为27°～32°；株高260～280厘米、穗位高95～115厘米；生育期内最大叶面积指数为4.58～5.99，成熟期叶面积指数维持在2.91～4.66。

(二) 大豆品种

在带状复合种植系统中，光环境直接影响低位作物大豆器官生长和产量形成。适宜带状复合种植的大豆品种的基本特征是产量高、耐荫抗倒，有限或亚有限结荚习性的品种。在带状间作系统中，大豆成熟期单株有效荚数不低于该品种单作荚数的 50%，单株粒数 50 粒以上，单株粒重 10 克以上，株高范围 70～100 厘米、茎粗范围 5.7～7.8 毫米，抗倒能力强的中早熟大豆品种。在带状套作系统中，玉米大豆共生期(V5-V6 期)大豆节间长粗比小于 19，抗倒能力较强；大豆成熟期单株有效荚数为该品种单作荚数的 70%以上，单株粒数为 80 粒以上，单株粒重在 15 克以上的中晚熟大豆品种。

三、区域品种推荐

(一)品种选配原则

玉米-大豆带状复合种植的品种选配除应符合宜带状复合种植品种特性要求外，还应遵循以下选配原则。

第一,具有良好的生态适应性。西南带状间套作区，气候条件和种植制度复杂多样，玉米应根据种植制度选择适宜的中晚熟玉米品种；大豆以夏大豆为主，多选择短日性强或极强、有限结荚的中熟或中晚熟品种。西北和东北带状间作区，春播玉米秋霜早，气温低，选择成熟期适中或较早熟、耐低温的品种；大豆为春播，宜选用短日性弱、感温性强、无限结荚习性的早熟和中早熟品种。黄淮海带状间作区，玉米生长季节受前后茬冬小麦约束，需要选中早熟品种；大豆为夏大豆，温度高，宜选择短日性和感温性中等、亚有限结荚习性的中熟品种。

第二,高度适中、籽粒脱水快，宜机械化。机械化生产是玉米大豆带状复合种植有别于传统间套作的核心特点，除在田间布局上需适应机械化生产外，品种选择上也要符合机械化生产的特点。宜机械化生产的玉米品种应该具有“五快一壮”特性，即：籽粒灌浆脱水快、苞叶蓬松快、果穗脱粒快、播种后种子吸水快、出苗快、植株幼苗健壮。宜机收籽粒的品种还应具有“五小一大”特性，即：雄穗小、叶片小、个子小、节间小、植株小(收敛)、果穗大。宜机械化生产的大豆品种应具有成熟时籽粒脱水快、茎秆直立但含水量低，不易炸荚，分枝较少、株高适中、分枝与主茎间角度小，底荚高度适宜(不低于12厘米)等特性。

(二)不同生态区品种推荐

西南带状间套作区，主要包括四川盆地、云南、贵州、广西等玉米大豆产区，气候类型复杂多样，玉米适种期长，春玉米和夏玉米播种面积各占一半左右。春玉米可与春大豆带状间作，主要分布在贵州、云南，也可与夏大豆带状套作，主要分布在四川盆地、广西和云南南部；夏玉米可与夏大豆带状间作。目前适宜该区域并大面积应用的玉米品种主要有‘荣玉 1210’、‘仲玉 3 号’、‘荃玉 9 号’、‘云瑞 47’、‘黔单 988’；春大豆品种有‘川豆 16’、‘黔豆 7 号’、‘滇豆 7’、‘云黄 13’，夏大豆品种有‘贡选 1 号’、‘贡秋豆 8 号’、‘南豆 12’、‘南豆 25’、‘桂夏 3 号’及适宜的地方品种。鲜食玉米-鲜食大豆带状复合种植可根据市场需求选用，鲜食玉米选用‘荣玉甜 9 号’、‘锦甜 68’、‘荣玉糯 1 号’等，鲜食大豆选用‘川鲜豆 1 号’、‘川鲜豆 2 号’，‘辽鲜 1 号’，‘铁丰 29’等。青贮玉米-青贮大豆带状复合种植，选择熟期较一致、粮饲兼用的玉米大豆高产品种，玉米品种可选用‘正红 505’、‘雅玉青贮 8 号’，‘雅玉 04889’等，青贮大豆可选用‘南豆 25’等。

西北和东北带状间作区，包括甘肃、宁夏、陕西、新疆、内蒙古、辽宁、吉林和黑龙江等玉米大豆产区，该区域无霜期短，以一季春玉米为主，采用春玉米-春大豆带状复合种植技术，从用途上主要有粒用、青贮两类。玉米品种可选用‘华美 1 号’、‘金穗 3 号’、‘正德 305’、‘先玉 335’等，大豆选用‘中黄 30’、‘中黄 318’、‘中黄 322’、‘吉育 441’、‘东升 7 号’和‘中吉 602’等。

黄淮海带状间作区，包括河北、山东、山西、河南、安徽、江苏等玉米、大豆产区，以麦后接茬夏玉米-夏大豆带状复合种植为主，从用途上主要有粒用和青贮两类。玉米品种可选‘农大 372’、‘良玉 DF21’、‘豫单 9953’、‘纪元 128’、‘安农 591’等，大豆品种可选用‘石 936’、‘邯豆 13’、‘齐黄 34’、‘郑 1307’、‘中黄 39’等。

第二节　田 间 配 置

一、带宽、行比、间距配置

(一)相关概念

玉米-大豆带状复合种植是由2行玉米带和2～6行大豆带相间复合种植而成。一条玉米带、一条大豆带构成一个带状复合种植生产单元，全田由多个这样的生产单元组成，单元宽度是玉米带宽、大豆带宽和两个间距之和。一个生产单元包含行数、行距、带宽、间距、株距等田间配置及其参数，是玉米-大豆带状复合种植实现双高产、机械化和可持续三大目标的核心所在。

行数可用行比来表示，即玉米、大豆行数的实际数相比，如 2 行玉米 3 行大豆带状复合种植，其行比为2∶3(图 2-5)。行距就是同一作物带内行与行之间的距离。带宽指的是玉米带或者大豆带两边行相距的宽度，带宽等于带内行距与行数-1 的乘积。带间距是相邻带边行之间的距离，包括玉米带与大豆带间距(相邻玉米带与大豆带之间距离)、玉米带之间距离(相邻玉米带边行之间的距离)和大豆带之间距离(相邻大豆带边行之间的距离)三种(图 2-5)。

(二)指导思想

第一，高位主体、高低协同。确定适宜的带宽、行比、行距必须要以充分发挥玉米产量潜力为前提，同时注重玉米与大豆的协同高产。如：确定玉米带宽要在缓解玉米种内竞争的最适范围内选择低限，既保证了玉米产量不受太大的影响，又为大豆带增加更多的空间；又如行数、行比的确定，以最能发挥高位作物玉米的边际优势为前提，根据低位作物的受光状况确定各区域适宜的行比。

第二，以冠促根、种间协同。确定适宜的玉米、大豆间距要以充分发挥地上部对光能的利用为前提，根系互为促进。间距越大，大豆受玉米荫蔽影响越小，地上部光合产物量越大，向下输送更多的碳水化合物，促进地下部生长，显著提高固氮能力，但间距大小也影响到玉米与大豆根系的“交流”，两作物根系互作可显著提高玉米氮素利用效率，减氮的同时促进玉米地上部的生长，因此选择一个最适间距是玉米-大豆带状复合种植技术的关键。

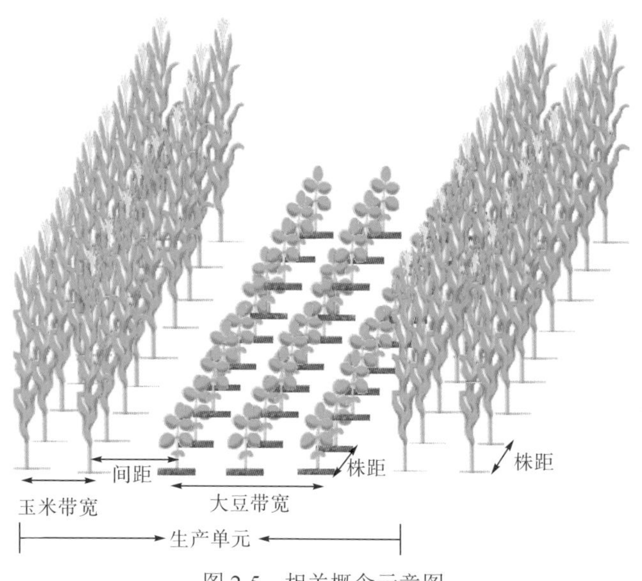

图 2-5 相关概念示意图

（三）确定原则

生产单元宽度对于全田群体结构具有决定性作用，是构建合理群体结构和决定其他参数的前提。各种类型的复合种植模式，在不同条件下，都要有一个相对适宜的宽度使其更好地发挥群体增产作用。否则安排过窄，玉米、大豆互相影响，特别是大豆减产更多；安排过宽，减少了边行，玉米产量优势发挥不出来，或者密度显著下降，间套作优势丧失。确定适宜的生产单元宽度，涉及许多因素。一般可根据玉米、大豆的品种特性、气候条件、用途、共生期长短以及农机具来确定。玉米株型紧凑、矮小，大豆耐荫性很强，或者光照条件好的生态区，玉米、大豆共生期短，有适合的小型农机具等，可适当缩小每个生产单元的宽度至2.0米；若光照条件相对较差，玉米品种株型偏松散，大豆品种耐荫性偏弱，或大豆收割机整机宽度在2.4～2.6米，最大宽度可达到2.8～3.0米，但不能超过3.0米。

行比和行距配合，决定着两个作物各自的带宽，关系着玉米、大豆的和谐生长、产量高低和品质好坏。两个作物的行数要根据高位作物的边际效应和低位作物的受光状况来确定。高位作物玉米表现为边际优势，为了保证每一株玉米都能获得边际优势，玉米带种2行最佳，行行具有边际优势。大豆为低位作物，受高位作物荫蔽，受光条件好坏决定了大豆产量高低，为了减小玉米对大豆的荫蔽影响，一是适度增加大豆行数，行数范围为2～6行，根据各生态区气候条件、带状复合种植类型、机具大小选择大豆适宜行数；二是缩小玉米带行距，高秆作物玉米行距40～60厘米的产量差异不显著，为减少对大豆遮阴选择下限值，以40厘米为宜，矮秆作物大豆适度小于单作行距，一般为25～40厘米。

玉米带与大豆带的间距大小影响两个作物枝叶、根系相互交叉状况，决定着两个作物对光、肥、水竞争的激烈程度。间距过大将减少作物的种植行数，浪费土地，大豆对玉米地下根系养分吸收的补偿效应不能实现；间距过小，则加剧作物间地上部竞争矛盾，低位作物大豆光照条件差，严重影响大豆的生长发育和产量，也不利于机具作业和农事操作。长期研究和应用表明，玉米带与大豆带的间距以60～70厘米为佳，既有利于大豆生长，又利于机械作业，一般不因其他因素而变化。生产中，一般容易造成间距过小，但不会偏大。大豆带之间的距离大小决定着玉米对大豆带边行的荫蔽影响和玉米播收机具通过性。长期研究和应用表明，这个距离为1.6～1.8米，一般不受环境和品种等的影响而变化。调整玉米带之间的距离是协调玉米、大豆关系，适应气候环境和品种特性，保证玉米大豆协调双高产的有效办法，是可变因素，变幅在1.6～2.6米，如光照条件好，玉米品种株型紧凑，大豆品种耐荫性强，收割机宽度在1.5

米左右，玉米带之间的距离可适度缩小至 1.6 米；相反，玉米带之间的距离可适度扩大，收割机宽度在 2.4 米左右，玉米带之间的距离可扩至 2.6 米。

（四）不同区域带宽、行距、间距配置

在 2.0～3.0 米生产单元里按玉米、大豆 2∶2～6 行比配置（图 2-6），玉米始终保持 2 行，行行具有边际优势，确保玉米产量。扩间距是本技术的核心之一，各生态区玉米和大豆间距都应扩至 60～70 厘米，以协调地上地下竞争与互补关系。高位作物玉米的行距均保持在 40 厘米为宜，大于 40 厘米使密度减小且对大豆生长不利。大豆的行距以 25～40 厘米为宜。各生态区、不同模式类型在选择适宜的田间配置参数时仅对玉米带之间的距离即大豆带行数和行距进行调整。根据各区域多年多点试验示范结果，春玉米-夏大豆带状套作区，玉米带之间的距离缩至 1.8～2.2 米，此距离内种 3 行大豆；夏玉米-夏大豆带状间作区，适宜玉米带之间的距离可扩至 2.1～2.3 米，此距离内种 4 行大豆；春玉米-春大豆带状间作区，玉米带之间的距离为 1.8～2.9 米，此距离内种 2～6 行大豆；青贮玉米-大豆带状复合种植在适宜的玉米带间距下可适当缩小，而鲜食可适当扩大。

二、密度配置

（一）配置原则

提高种植密度，保证与当地单作相当是带状复合种植增产的又一中心环节。确定密度的原则是高位主体、高低协同，高位作物玉米的密度与当地单作相当，低位作物大豆密度根据两作物共生期长短不同，保持单作的 70%～100%。带状套作共生期短，大豆的密度可保持与当地单作相当，共生期超过 2 个月，大豆密度适度降至单作大豆的 80%左右；带状间作共生期长，大豆为 2～3 行时，密度可进一步缩至当地单作的 70%，4～6 行时，密度应为单作的 85%左右。

同时，玉米-大豆带状复合种植两作物各自适宜密度也受到气候条件、土壤肥力水平、播种时间、品种特性等因素的影响，光照条件好、玉米株型紧凑、大豆分枝少、肥力条件好，玉米大豆的密度可适当增加，相反，需适当降低密度。

（二）不同区域的密度设置

小株距密植确保带状复合种植玉米与单作密度相当，适度缩小株距确保大豆全田密度达到当地单作密度的70%～100%。西南地区，玉米穴距11～15厘米（单粒）或22～30厘米（双粒），播种密度4000粒/亩左右；大豆穴距9～11厘米（单粒）或18～22厘米（双粒），播种密度9000粒/亩左右。黄淮海玉米穴距10厘米左右（单粒）或20厘米左右（双粒），播种密度4500粒/亩左右；大豆穴距8～10厘米（单粒）或16～20厘米（双粒），播种密度10000粒/亩左右。西北和东北地区，玉米穴距8～10厘米（单粒）或16～20厘米（双粒），播种密度4000～6000粒/亩；大豆穴距8～10厘米（单粒）或16～20厘米（双粒），密度12000粒/亩左右。田间配置、株距与密度对应关系可参照表2-1和表2-2。

表2-1　玉米种植密度、每个播种单体10米下种量速查表（以1穴1粒计）

株距/厘米	玉米种植密度/（粒/亩）											每个播种单体下种量/（克/10米）
	全田计产行距/厘米											
	100	105	110	115	120	125	130	135	140	145	150	
8	8334	7937	7576	7247	6945	6667	6411	6173	5953	5747	5556	38
9	7408	7055	6734	6442	6173	5926	5698	5487	5291	5109	4939	33
10	6667	6350	6061	5797	5556	5334	5128	4939	4762	4598	4445	30
11	6061	5772	5510	5270	5051	4849	4662	4490	4329	4180	4041	27
12	5556	5291	5051	4831	4630	4445	4274	4115	3968	3832	3704	25
13	5128	4884	4662	4460	4274	4103	3945	3799	3663	3537	3419	23
14	4762	4535	4329	4141	3968	3810	3663	3528	3402	3284	3175	21

续表

株距/厘米	玉米种植密度/(粒/亩)											每个播种单体下种量/(克/10米)
	全田计产行距/厘米											
	100	105	110	115	120	125	130	135	140	145	150	
15	4445	4233	4041	3865	3704	3556	3419	3292	3175	3065	2963	20

注：密度(粒/亩)=6667000(厘米^2)/[全田计产行距(厘米)×株距(厘米)]；全田计产行距(厘米)=[玉米带宽度+大豆带宽度+2个间距]/带内行数；亩播种量(千克)=粒数×百粒重/100000，每个播种单体10米下种量(克/10米)＝[亩播种量×10米×计产行距(厘米)×1000(千克换算为克)]/亩；百粒重按30克计，每增加(减少)1克，10米下种量增加(减少)10克，1千克=1000克。

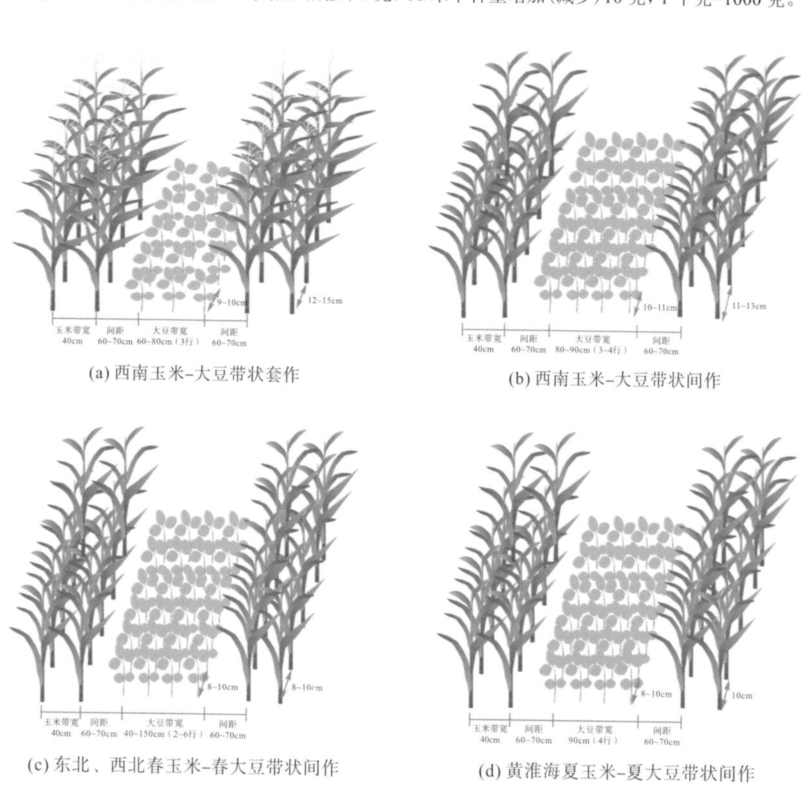

(a) 西南玉米-大豆带状套作

(b) 西南玉米-大豆带状间作

(c) 东北、西北春玉米-春大豆带状间作

(d) 黄淮海夏玉米-夏大豆带状间作

图 2-6 田间配置参数示意图

表 2-2 大豆种植密度(粒/亩)、每个播种单体 10 米下种量速查表(以 1 穴 1 粒计)

株距/厘米	种植密度/(粒/亩)															每个播种单体10米下种量/(克/10米)
	全田计产行距/厘米															
	100	105	110	90	86.7	83.3	80	76.7	73.3	67.5	65	62.5	56	54	50	
6	11112	10583	10102	12346	12816	13339	13890	14487	15159	16462	17095	17779	19842	20577	22223	33
7	9524	9071	8658	10583	10985	11434	11905	12418	12994	14110	14653	15239	17008	17638	19049	29
8	8334	7937	7576	9260	9612	10005	10417	10865	11369	12346	12821	13334	14882	15433	16668	25
9	7408	7055	6734	8231	8544	8893	9260	9658	10106	10974	11397	11852	13228	13718	14816	22
10	6667	6350	6061	7408	7690	8004	8334	8692	9095	9877	10257	10667	11905	12346	13334	20
11	6061	5772	5510	6734	6991	7276	7576	7902	8269	8979	9324	9697	10823	11224	12122	18
12	5556	5291	5051	6173	6408	6670	6945	7244	7580	8231	8547	8889	9921	10289	11112	17
13	5128	4884	4662	5698	5915	6157	6411	6686	6997	7598	7890	8206	9158	9497	10257	15

注：密度(粒/亩)=6667000(厘米^2)/[全田计产行距(厘米)×株距(厘米)]；全田计产行距(厘米)=[玉米带宽度+大豆带宽度+2 个间距]/带内行数；亩播种量(千克)=粒数×百粒重/100000，每个播种单体 10 米下种量(克/10 米)=[亩播种量×10 米×计产行距(厘米)×1000(千克换算为克)]/亩；百粒重按 20 克计，每增加(减少)1 克，10 米下种量增加(减少)10 克，1 千克=1000 克。

第三章　整地与播种技术

第一节　土地整理技术

一、带状套作

（一）玉米带

西南春玉米-夏大豆带状套作区，旱地周年主要作物为玉米、小麦（油菜、马铃薯）、大豆。小麦（油菜、马铃薯）播种季常遇冬干，为保证出苗多采用抢墒免耕播种，夏播大豆为保墒也常采取免耕直播。因此玉米季需深耕细整，第二年玉米带轮作大豆带，实现两年全田深翻一次。小麦、马铃薯、蚕豆等冬季作物带状套种玉米，冬季作物播种后可对未种植的预留空行或冬季休闲地进行深耕晒土，疏松土壤，第二年玉米播种前，结合施基肥，旋耕碎土平整。若预留行种植其他作物，收获后，及时清理，深翻晒土，播前旋耕碎土。深耕的主要工具为铧犁，有时也用圆盘犁，深耕深度一般为 20～25 厘米较为适宜。旋耕机旋耕深度为 10～12 厘米，是翻耕的补充作业，主要作用是碎土、平整。无套作前作的地块可以不受机型大小限制，若与小麦、蚕豆等冬季作物套作，需选择工作幅宽为 1.2～1.5 米的机型。

（二）大豆带

带状套作大豆一般在 6 月上、中旬播种，夏季抢时，通常采用抢墒板茬（或灭茬）免耕播种。灭茬是指除去收割后遗留在地里的作物根茬杂草等。前茬为小麦，且留茬高度超过 15 厘米，在大豆播种前，利用条带灭茬机灭茬，受播幅影响，需选择工作幅宽为1.2～1.5米的机型。前茬为马铃薯等蔬菜作物，只需将秸秆、杂草等清除，无须进行动土作业。

二、带状间作

(一)深松耕

深松耕是指用深松铲或凿形犁等松土农具疏松土壤而不翻转土层的一种深耕方法，通常深度可达20厘米以上。适于经长期耕翻后形成犁底层、耕层有黏土硬盘或白浆层或土层厚而耕层薄不宜深翻的土地。主要作用是：①打破犁底层、白浆层或黏土硬盘，加深耕层、熟化底土，利于作物根系深扎；②不翻土层，后茬作物能充分利用原耕层的养分，保持微生物区系，减轻对下层嫌气性微生物的抑制；③蓄雨贮墒，减少地面径流；④保留残茬，减轻风蚀、水蚀。

深松耕方法：①全面深松耕，一般采用V形深松铲，优势在于作业后地表无沟，表层破坏不大，但对犁底层破碎效果较弱，消耗动力较大。②间隔深松耕，松一部分耕层，另一部分保持原有状态，一般采用凿式深松铲，其深松部分通气良好、接纳雨水；未松的部分紧实能提墒，利于根系生长和增强作物抗逆性。

(二)麦茬免耕

针对西南油(麦)后和黄淮海麦后玉米-大豆带状间作，前作收获后应及时抢墒播种玉米、大豆，为创造良好的土壤耕层、保墒护苗、节约农时，多采用麦(油)茬免耕直播方式。

若小麦收获机无秸秆粉碎、均匀还田的功能或功能不完善，小麦收后达不到播种要求，需要进行一系列整理工作，保证播种质量和玉米大豆的正常出苗。整理分为三种情况：①前作秸秆量大，全田覆盖达3厘米以上，留茬高度超过15厘米，秸秆长度超过10厘米，先用打捆机将秸秆打捆移出，再用灭茬机进行灭茬；②秸秆还田量不大，留茬高度超过 15 厘米，秸秆呈不均匀分布，需用灭茬机进行灭茬；③留茬高度低于 15 厘米，秸秆分布不均匀，需用机械或人工将秸秆抛撒均匀即可。整理后的标准为秸秆粉碎长度在 10 厘米以下，分布均匀。

生产中常常因为收获小麦时对土壤墒情掌握不当造成土壤板结，影响播种质量和玉米、大豆的生长。因此，收获前茬小麦时田间持水量应低于 75%，小麦联合收割机的碾压对玉米、大豆播种无显著不良影响。但田间持水量在 80%以上时，轮轧带表层土壤坚硬板结，将严重影响玉米、大豆出苗。

第二节 播 种 技 术

一、播种日期

（一）确定原则

茬口衔接：针对西南、黄淮海多熟制地区，播种时间既要考虑玉米、大豆当季作物的生长需要，还要考虑小麦、油菜等下茬作物的适宜播期，做到茬口顺利衔接和周年高产。

以调避旱：针对西南夏大豆易出现季节性干旱，为使大豆播种出苗期有效避开持续夏旱影响，在有效弹性播期内适当延迟播期，并通过增密措施确保高产。

迟播增温：在西北、东北等一熟制地区，带状间作玉米、大豆不覆膜时，需要在有效播期范围内根据土壤温度上升情况适当延迟播期，以确保玉米、大豆出苗后不受冻害。

以豆定播：针对西北、东北等低温地区，播种期需视土壤温度而定，通常 5～10 厘米表层土壤温度稳定在 10℃以上、气温稳定在 12℃以上是玉米播种的适宜时期，而大豆发芽的适宜表土温度为 12～14℃，稍高于玉米。因此，西北、东北带状间作模式的播期确定应参照当地大豆最适播种时间。

适墒播种：在土壤温度满足的前提下，还应根据土壤墒情适时播种。玉米、大豆播种时的适宜土壤湿度应达到田间持水量的60%～70%，即手握耕层土壤可成团，自然落地即松散。土壤湿度过高与过低均不利于出苗，黄淮海地区要在小麦收获后及时抢墒播种；如果土壤湿度较低，则需造墒播种，如西北、东北可提前浇灌，再等墒播种。此外，大豆播种后遭遇大雨后极易导致土壤板结，子叶顶土困难，西南、黄淮海夏大豆地区应在有效播期内根据当地气象预报适时播种，避开大雨危害。

（二）各生态区域的适宜播期

西南地区：玉米-大豆带状套作区域，玉米在当地适宜播期的基础上结合覆膜技术适时早播，争取早收，以缩短玉米、大豆共生时间，减轻对大豆的荫蔽影响，最适播种时间为3月下旬至4月上旬；大豆以播种出苗避开夏旱为宜，可适时晚播，最适播种期为6月上中旬。玉米-大豆带状间作区域，则根据当地春播和夏播的常年播种时间来确定，春播时玉米在4月上中旬播种、大豆同时播或稍晚，夏播时玉米在5月下旬至6月上旬播种、大豆同时播或稍晚。

西北和东北地区：根据大豆播期来确定玉米-大豆带状间作的适宜播期，在5厘米地温稳定在10～12℃（东北地区为7～8℃）时开始播种，播期范围为4月下旬至5月上旬。大豆早熟品种可稍晚播，晚熟品种宜早播；土壤墒情好可晚播，墒情差应抢墒播种。

黄淮海地区：在小麦收获后及时抢墒或造墒播种，有滴灌或喷灌的地方可适时早播，以提高夏大豆脂肪含量和产量。黄淮海地区的适宜播期在6月中下旬。

二、种子处理

生产中玉米种子都已包衣，但大豆种子多数未包衣，播前应对种子进行拌种或包衣处理。

种衣剂拌种：选择大豆专用种衣剂，如 6.25%咯菌腈·精甲霜灵悬浮种衣剂(精歌)，或 20.5%多菌灵·福美双·甲维盐悬浮种衣剂，或 11%苯醚·精甲·吡唑等。根据药剂使用说明确定使用量，药剂不宜加水稀释，使用拌种机或人工方式进行拌种(图 3-1)。种衣剂拌种时也可根据当地微肥缺失情况，协同微肥拌种，每千克大豆种子用硫酸锌 4～6 克、硼砂 2～3 克、硫酸锰 4～8 克，加少许水(硫酸锰可用温水溶解)将其溶解，用喷雾器将溶液喷洒在种子上，边喷边搅拌，拌好后将种子置于阴凉干燥处，晾干后播种。

根瘤菌接种：液体菌剂可以直接拌种，每千克种子一般加入菌剂量为 5 毫升左右；粉状菌剂根据使用说明需加水调成糊状，用水量不宜过大，应在阴凉地方拌种，避免阳光直射杀死根瘤菌。拌好的种子应放在阴凉处晾干，待种子表皮晾干后方可播种，拌好的种子放置时间不要超过 24 小时。用根瘤菌拌种后，不可再拌杀菌剂和杀虫剂。

图 3-1　大豆种衣剂拌种

三、播种机具的选择与使用

（一）播种方式及机具选择

1. 同机播种机型和机具参数选择

西南、西北和东北地区玉米-大豆带状间作同机播种施肥作业时可选用 2BF-4、2BF-5 或 2BF-6 型玉米-大豆带状间作精量播种施肥机，其整机结构如图 3-2 所示，主要由机架、驱动装置、肥料箱、玉米株（穴）距调节装置、大豆株（穴）距调节装置、玉米播种单体和大豆播种单体组成。驱动装置和播种单体安装于机架后梁上，中部 2～4 个单体为大豆播种单体，两侧单体为玉米播种单体，肥料箱安装于机架正上方。若选用当地玉米大豆播种施肥机，技术参数应达到表 3-1 的要求。

图 3-2　2BF-3（4）型玉米-大豆带状间作精量播种施肥机

表 3-1　玉米、大豆行比 2∶（2～6）的带状间作播种施肥机技术参数

结构	配套动力/千瓦	玉米、大豆/行数	播幅/毫米	带间距/毫米	玉米行距/毫米	大豆行距/毫米	玉米株距/毫米	大豆株距/毫米
仿形播种单体结构	>100	2、2～6	2000～2400	600～700	400	250～300	80、100、120	80、100、120

黄淮海玉米-大豆带状间作同机播种施肥作业可选用2BMFJ-6型玉米-大豆免耕覆秸精量播种施肥机。免耕覆秸精量播种施肥机可在作物(小麦、大豆、玉米)收割后的原茬地上直接完成播种施肥全过程。该机集种床整备、侧深施肥、精量播种、覆土镇压、喷施封闭除草剂和秸秆均匀覆盖等功能于一体。若选择当地的玉米、大豆播种施肥机，技术参数应达到表3-2的要求。

表3-2 玉米大豆行比2∶4带状间作播种施肥机技术参数

结构	配套动力/千瓦	玉米、大豆/行数	播幅/毫米	带间距/毫米	玉米行距/毫米	大豆行距/毫米	玉米株距/毫米	大豆株距/毫米
仿形播种单体结构	>38	2、2～4	1600～2000	600～700	400	300	100、120、140	80、100、120

2. 异机播种机型和机具参数选择

玉米-大豆带状套作需要先播种玉米，在玉米抽雄吐丝期再播种大豆，采用异机播种方式。可分别选用玉米、大豆带状套作播种施肥机，也可通过更换播种盘，增减播种单体，实现玉米、大豆播种用同一款机型。

玉米播种机主要由两个玉米播种单体、种箱、肥箱、仿形装置、驱动轮、实心镇压轮等组成(图3-3)，而大豆播种机主要由三个大豆

图3-3 玉米播种机(2行)

图 3-4　大豆播种机(3 行)

播种单体、种箱、肥箱、仿形装置、驱动轮、V 型镇压轮等组成(图 3-4)。受播种时播幅、行株距及镇压力大小等因素影响，选择机具时应符合表 3-3 的各项参数。

表 3-3　玉米、大豆播种机技术参数

类别	参数	
型号	玉米播种机(2 行)	大豆播种机(3 行)
结构	仿形播种单体结构	仿形播种单体结构
配套动力/千瓦	≤20	≤30
播种机总宽/毫米	≤1200	≤1600
行距/毫米	400	300
穴距/毫米	100、120、140	80、100、120
镇压轮	实心轮	V 型空心轮

(二)播前调试技术

1. 播前机具检查与单体位置调整

先检查和拧紧机具紧固螺栓，按照农艺技术要求，同机播种施肥机要调整好玉米播种单体与大豆播种单体的距离(间距)、2～6 个大豆播种单体间距离(大豆行距)及玉米(大豆)播种单体与施肥单体之间距离(图 3-5)，异机播种施肥机只需调整好播种单体之间及播种单体与施肥单体之间的水平距离；为防止种肥烧种烧苗，通常要求两个开沟器水平错开距离不少于10厘米；检查排种器放种口盖是否关闭严密(图3-6)，可以通过调整箱扣搭接螺钉长度消除缝隙(图3-6)，防止漏种。

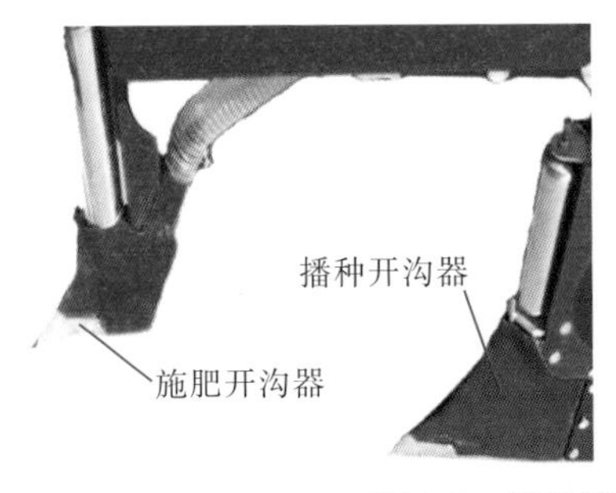

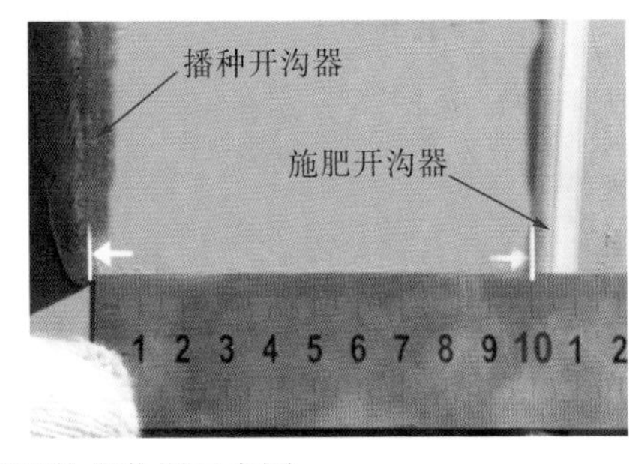

图3-5 播种施肥开沟器位置示意图

图3-6 排种器放种口盖检查

2. 播种施肥机左右水平调整

播种施肥机的水平调整实质就是保证每个播种单体开沟深度一致，不出现左右倾斜晃动现象。一般调整方式是，通过拖拉机的三点悬挂将播种施肥机挂接好，然后调整拖拉机提升杆的长度实现机具水平(图3-7)。判断播种机是否处于水平位置通常是通过液压系统将播种机降下，使开沟器尖贴近于水平地表，测量两侧的开沟器尖离地高度是否一致。

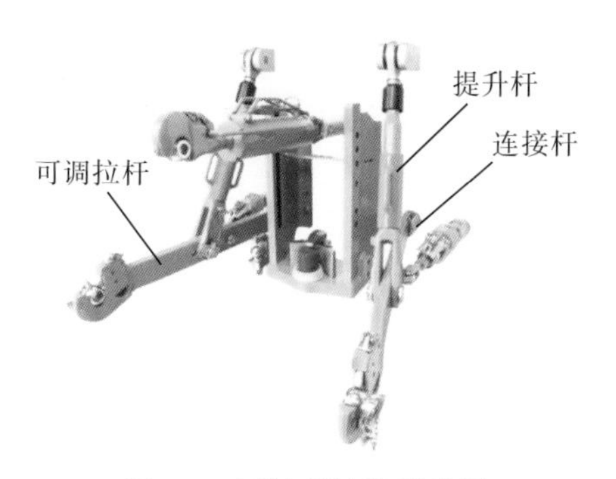

图 3-7　下拉杆结构示意图

若机具左高右低时，可伸长左侧提升杆或缩短右侧提升杆；若机具右高左低时，可伸长右侧提升杆或缩短左侧提升杆；若机具向左侧倾斜时，可延长左侧连接杆或缩短右侧连接杆，再用螺栓锁住左右两侧连接杆的销孔；若机具向右侧倾斜时，可延长右侧连接杆或缩短左侧连接杆，再用螺栓锁住左右两侧连接杆的销孔；若机具晃动，则调节左右下拉杆中间的可调拉杆。

3. 播种施肥机前后水平调整

调整播种施肥机前后水平高度的实质就是保证机具在工作时不会出现“扎头”现象，保证机具处于良好的工作状态。通常厂家为方便机手检查机具前后位置水平状态，会在肥箱外侧面安装一重力调平指针(图 3-8)，若重力调平上下指尖未对齐，则机具的前后不在一个水平位置。

通常采用调整拖拉机的上拉杆(图 3-9)实现机具的前后水平一致。在调节时需要将机具放置在水平地面上，然后松开上拉杆两端的锁紧螺母(如图 3-9 箭头所指)，再通过旋转延长或缩短上拉杆，如果播种机处于前倾后仰位置则采用延长上拉杆方法调整，后倾前仰则缩短上拉杆。调整好上拉杆后应将拉杆两头的螺母锁紧。

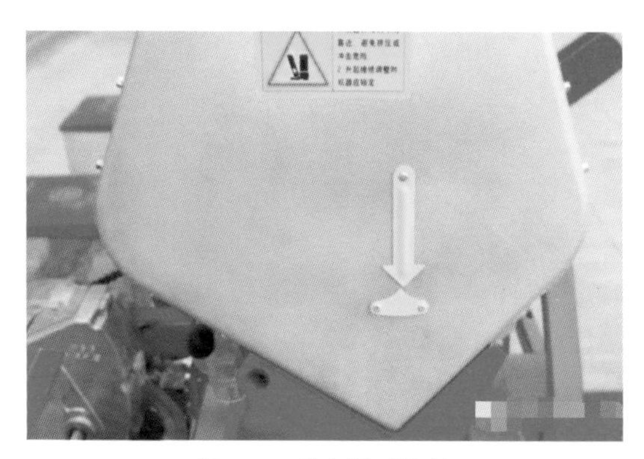

图 3-8 重力调平指针

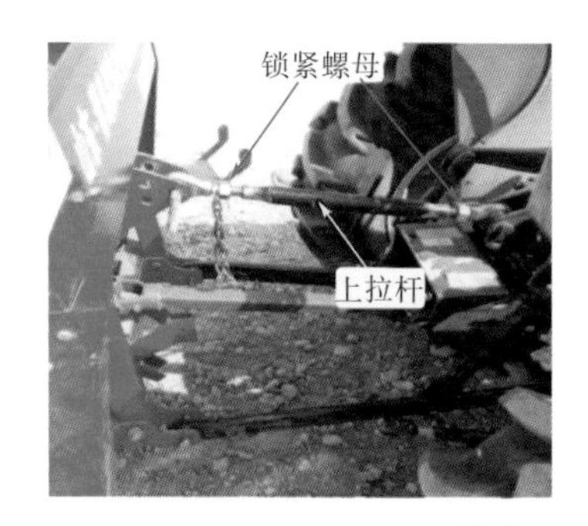

图 3-9 上拉杆调整示意图

4. 播种施肥深度调整

播种施肥机作业前，必须进行施肥与播种深度的调整。调整前可先试播一定的距离，扒开播种带与施肥带的土壤，测量种子与种肥的深度。

调整施肥深度，首先，拧松施肥开沟器的锁紧螺母(图 3-10)，通过上移或下移施肥开沟器，改变开沟器与机架的相对位置，来实现施肥深度的调整。调整完毕后，锁紧开沟器的锁紧螺母。一般施肥深度在 10～15 厘米即可。

图 3-10　施肥开沟器结构示意图

在调节播种深度时，主要通过播深调节机构改变限深轮与播种开沟器的垂直距离 H(图 3-11)。通常播种施肥机播种深度调节装置有两种，一种是在播种单体的开沟器两边增设限深轮，拧松限深轮锁紧螺母 A 和螺母 B(图 3-12)，通过上移或下移限深轮来调整限深轮与开沟器之间垂直距离从而改变播种深度，调整完毕后，拧紧锁紧螺母 A 和螺母 B 即可。通常玉米播深为 5～7 厘米，大豆播深 3～5 厘米。

(a) 限深轮式

(b) 镇压限深一体式

图 3-11　播种深度示意图

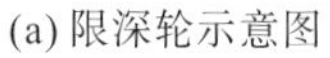
(a) 限深轮示意图

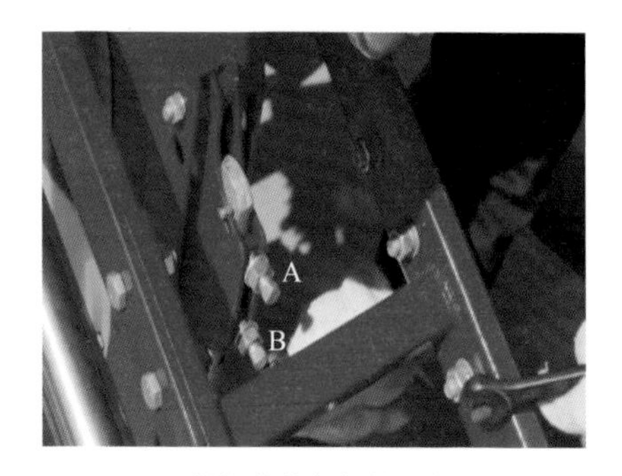

(b) 限深轮锁紧螺栓示意图

图 3-12　限深轮调节示意图

另一种结构是镇压轮兼作限深轮，该结构在调整播深时，首先松开镇压限深轮锁紧螺钉，然后通过转动镇压轮的调深手柄就可以实现调节(图 3-13)，通常顺时针转动时，镇压限深轮向下移动，播种深度减小，反则播深加大。还有一种播深调节就是参考播种单体后下方的深度标尺进行调试(图 3-14)，调试好之后再拧紧锁紧螺钉固定好手柄即可。

图 3-13　调深手柄操作示意图

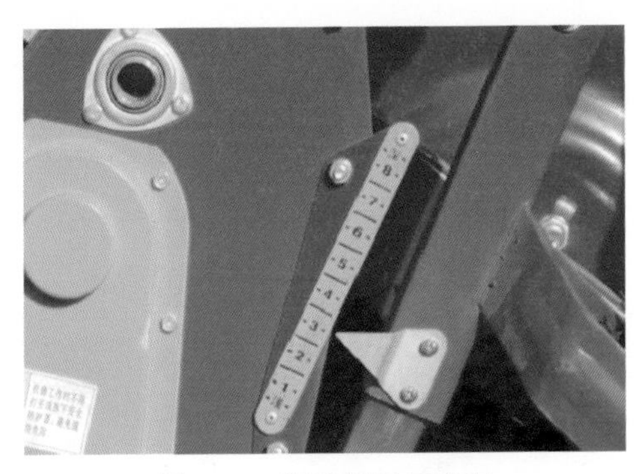

图 3-14　深度标尺示意图

5. 排种量的调整

穴距的调整。穴距调整一般是通过调整变速箱(图 3-15)档位实现，在变速箱内设置了多个不同穴距的挡位，机手在调节时可按照播种穴距要求，通过变速箱上操作杆选择档位即可。

图 3-15　变速箱示意图

播量调整。图 3-16 所示是勺轮式排种器，排种隔板左上方设有一缺口，这个缺口就是排种器上的递种口。调节隔板的位置，就可调整播种量。递种口越高，播种量越小；递种口越低，播种量越大。

若递种口在 A5 处则播量小于在 A1 处的播种量。

除此之外，可通过调整定位槽的位置来调整播量，隔板离定位槽越左，则播种量越大；隔板离定位槽越右，则播种量越小。若定位槽在 B1 处则播种量大于定位槽在 B2 处的播种量。

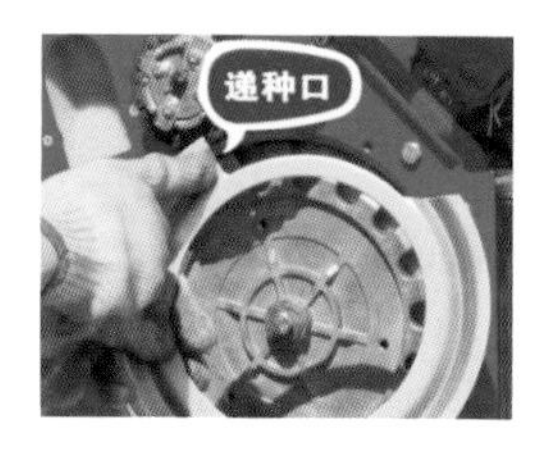

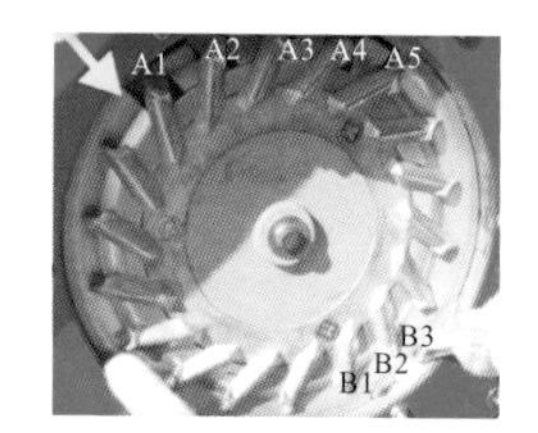

图 3-16 排种量调整

6. 施肥量调整

通过转动施肥量调节手轮实现排肥器水平移动，从而改变播种机的施肥量(图 3-17)，调节时施肥量指针随着排肥器同步移动。当手轮顺时针旋转时，指针从“1”向“6”方向移动，施肥量增加。

施肥量的检查和调整具体方法为，利用拖拉机液压举升装置将播种机升起到地轮离开地面的位置，采用塑料口袋收集从排肥口排出的肥料，用手转动地轮 1 周，采集其中一个排肥盒排出的化肥，称出重量除以地轮的周长即为排肥器单位长度的施肥量(千克/米)。如果测出的每亩施肥量不合适，则重新调整，反复几次达到合适为止。

图 3-17 排肥量的调整

7. 覆膜播种机调整事项

玉米-大豆间作覆膜播种机采用中间覆一幅膜播两行玉米，左右分别覆一幅膜，每幅膜上播 2 行大豆。播种过程中地膜容易出现位置偏移或覆膜表面出现褶皱现象，需对地膜进行适当的调整。

首先，要拉伸地膜保证地膜的平整性，防止出现褶皱；其次，要通过调整挂膜架来增强地膜的密封性(图 3-18)，播种时不允许有空气进入膜内，否则会影响地膜覆土播种的质量和效果；播种时如果有较大的风力，需要增加覆土的厚度，增加地膜表面的压力，防止风力将地膜掀开进入空气。覆土圆盘要根据农作物需要的覆土量调整，调整角度是外张角 40°左右，入土深度保持在 5～7 厘米，这样可以确保覆土系统正常工作。

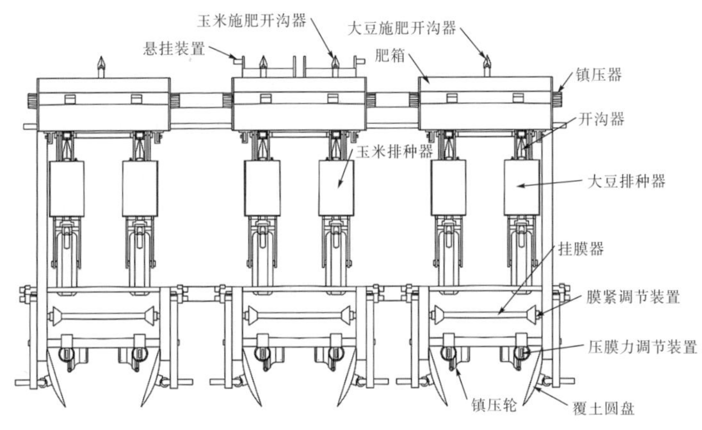

图 3-18 玉米-大豆间作覆膜播种施肥机结构示意图

(三)机播作业注意事项

第一，播种过程中要保证机具匀速直线前行；转弯过程中应将播种机提升，防止开沟器出现堵塞；行走播种期间，严禁拖拉机急转弯或者带着入土的开沟器倒退，避免对播种施肥机造成不必要的损害。

第二，在播种过程中必须对田间播种的效果进行定期检查。随机抽取 3～5 个点进行漏播和重播检测以及播深检查，看其是否达到规定的播种要求。通过指定一定距离的行数计测，检查播种行距是否符合规定要求，相邻作业单元间隔之间的行距误差是否满足规定要求，并检查播种的直线程度。

第三，播种机在使用的过程中应密切观察机器的运转情况，发现异常及时停车检查。当种子和肥料的可用量少于容积的三分之一时，应及时添加种子和化肥，避免播种机空转造成漏播现象。

第四，在覆膜播种机作业过程中，注意对以下几种突发状况的正确处置：①如果地膜出现斜向皱纹，应停车调整压膜轮压力使其左右一致后再继续保持直线匀速前进；②如果地膜出现纵向皱纹，应降低机械前进速度，减小膜卷的卡紧力，并增加压膜轮的压力；③如果地膜出现横向皱纹，应增加膜卷卡紧力，减小压膜轮的压力，并提高机械前进速度；④如果地膜出现偏斜现象，应将膜卷重新对正畦面，使其与前进方向保持垂直，然后匀速直线前进。

第四章　施 肥 技 术

第一节　需肥特性与施肥原则

一、需肥特性

玉米、大豆是两种需肥及吸肥特性均不相同的作物，玉米是须根系作物，根系吸收面积大、养分吸收范围广、竞争能力相对较强，以吸收无机氮素为主；大豆是直根系作物，根系吸收面积相对较窄，以利用根瘤固氮为主。玉米-大豆带状复合种植通过田间优化配置，不仅减弱了地上植株对光的竞争，还有助于两种作物的营养互补，促进养分吸收及增强根瘤固氮能力，系统氮肥利用率提高 84.8%，每亩可减施纯氮 4～6 千克。此外，玉米-大豆带状复合种植在一定程度上降低了土壤 pH，激发了大豆对土壤磷的活化作用，磷素当季利用率提高 7.81%，每亩可节约五氧化二磷 2.4 千克。

玉米对氮素的需要量最多，吸收磷素较氮和钾少。一般每生产 100 千克玉米籽粒，需从土壤中获取有效氮 2.4～4.2 千克、有效磷 0.5～1.5 千克、有效钾 1.5～4 千克。

大豆对磷素需要较多，是喜磷作物，对氮的需求主要通过根瘤固氮，人工施用氮肥较少。一般每生产 100 千克大豆籽粒，需从土壤中获取有效氮 8.25 千克、有效磷 1.75 千克、有效钾 3.6 千克。

二、施肥原则

根据玉米-大豆带状复合种植系统的需肥特性，肥料施用必须坚持“减量、协同、高效、环保”的总方针。减量体现在减少氮肥用量、保证磷钾肥用量，减少大豆用氮量、保证玉米用氮量；协同则要求肥料施用过程中将玉米、大豆统筹考虑，相对单作不单独增加施肥作业环节和工作量，实现一体化施肥；高效与环保要求肥料产品及施肥工具必须确保高效利用，降低氮、磷损失。在此方针指导下，根据玉米-大豆带状复合种植的作物需肥特点及共生特性，施肥时遵守“一施两用、前施后用、生(物肥)化(肥)结合”的原则。

一施两用：在满足主要作物玉米需肥时兼顾大豆氮、磷、钾需要，实现一次施肥，玉米、大豆共同享用。

前施后用：为减少施肥次数，有条件的地方尽量选用缓释肥或控释肥，实现底(种)追合一，前施后用。

生(物肥)化(肥)结合：玉米-大豆带状复合种植的优势之一就是利用根瘤固氮。大豆结瘤过程中需要一定数量的“起爆氮”，但土壤氮素过高又会抑制结瘤。因此，施肥时既要根据玉米需氮量施足化肥，又要根据当地土壤根瘤菌存活情况对大豆进行根瘤菌接种，或施用生物(菌)肥，以增强大豆的结瘤固氮能力。

第二节　氮磷钾施用技术

根据带状复合种植下玉米、大豆的养分需求与根系养分吸收特性，采用玉米大豆减量一体化施肥技术进行施肥。

一、氮磷钾缺素症状

(一)氮素缺失

玉米缺氮先发生于老叶，三叶期时叶鞘呈紫红色，成株期时植株矮小细弱叶色发黄；玉米缺氮时生长缓慢、瘦弱、叶色黄绿；老叶片从叶尖开始变黄，沿叶片中脉发展，枯黄部分呈“V”字形；果穗小，顶部籽粒不充实。

大豆缺氮时，外观生长缓慢，分枝减少，植株矮小，老叶片首先变为黄色；已变黄的叶子如及时施足氮肥，很快恢复正常绿色。每 100 克土壤中水解氮含量在 5 毫克以上时，施氮增产效果不显著；在 3 毫克左右时，施氮增产效果显著。

（二）磷素缺失

玉米苗期极易缺磷，茎和叶片暗绿带紫红色，从下部叶片开始。先是叶尖干枯，从叶尖沿叶缘向基部蔓延，进而呈暗褐色，以后逐渐向幼嫩叶片发展。生长缓慢，叶片不舒展，叶片呈紫红色，茎部衰弱，细长；果穗分化发育差，穗顶缢缩，甚至空穗，花丝延迟抽出，果穗卷曲，出现秃顶、缺粒与粒行不整齐。

大豆植株早期缺磷时叶色深绿，以后在底部叶的叶脉间失绿，最后叶脉也呈现失绿，开花后叶上有棕色斑点，严重缺磷时，茎变为红色，根呈棕色。一般每 100 克土壤中含速效磷 6 毫克以上时，施磷增产效果不显著；含 1～2 毫克时，增产效果显著。

（三）钾素缺失

玉米幼苗期缺钾生长缓慢，植株矮小，嫩叶呈现黄色或褐色；严重缺钾时，叶边缘或顶端呈现出火烧状，呈倒“V”字形。成株期缺钾，叶脉变黄，节间缩短，根系发育弱，容易倒伏。果穗小，顶部籽粒发育不良。

大豆缺钾时植株下层叶的小叶边缘出现不规则形的黄斑，叶中心部分仍为深色，叶尖及叶缘呈黄色并逐渐向内发展，叶片脉间凸起、皱缩，叶片前端向下卷曲，最后变成棕色而枯死。当每 100 克土壤中含速效钾低于 5 毫克时，施用钾肥增产效果显著。

二、施肥量

为充分发挥大豆的固氮能力，提高作物的肥料利用率，玉米-大豆带状复合种植亩施氮量比单作玉米、单作大豆的总施氮量可降低4千克，须保证玉米单株施氮量与单作相同。

玉米-大豆带状间作区的玉米选用高氮缓控释肥，每亩施用50～80千克(折合纯氮14～18千克/亩，如N—P_2O_5—K_2O=28—8—6)，大豆选用低氮缓控释肥，每亩施用15～25千克(折合纯氮2.0～3.0千克/亩，如N—P_2O_5—K_2O=14—15—14)。播种单体下肥量应达到表4-1的要求。

表4-1 玉米种肥每个施肥单体10米下肥量速查表(单位：千克/10米)

复合肥含氮百分率/%	全田平均行距/cm								
	100	105	110	115	120	125	130	135	140
20	0.90	0.94	0.99	1.03	1.08	1.12	1.17	1.21	1.26
21	0.85	0.90	0.94	0.98	1.03	1.07	1.11	1.15	1.20
22	0.81	0.85	0.89	0.93	0.97	1.01	1.05	1.09	1.13
23	0.78	0.82	0.86	0.90	0.94	0.97	1.01	1.05	1.09
24	0.75	0.79	0.82	0.86	0.90	0.94	0.97	1.01	1.05
25	0.72	0.76	0.79	0.83	0.86	0.90	0.94	0.97	1.01
26	0.69	0.72	0.76	0.79	0.83	0.86	0.90	0.93	0.97
27	0.66	0.69	0.73	0.76	0.79	0.82	0.86	0.89	0.92
28	0.64	0.68	0.71	0.74	0.77	0.81	0.84	0.87	0.90
29	0.61	0.65	0.68	0.71	0.74	0.77	0.80	0.83	0.86
30	0.60	0.63	0.66	0.69	0.72	0.75	0.78	0.81	0.84

注：亩用肥量(千克)=每亩施纯氮量×100/复合肥含氮百分率；每个播种单体10米下肥量(千克/10米)=[亩用肥量×10米×计产行距(厘米)/100(换算成米)]/667平方米；按每亩种肥12千克纯氮计，每增加(减少)1千克纯氮，每10米下肥量增加(减少)75克。

玉米-大豆带状套作区播种玉米时每亩施20～25千克玉米专用复合肥(N—P_2O_5—K_2O=28—8—6)；玉米大喇叭口期结合机播大豆，距离玉米行20～25厘米处每亩追施复合肥40～50千克(折合纯氮6～7千克/亩，如N—P_2O_5—K_2O=14—15—14)，实现玉米大豆肥料共用。

三、施肥方法

带状复合种植的玉米、大豆氮磷钾施肥需统筹考虑，不按传统单作施肥习惯，且需结合播种施肥机一次性完成播种施肥作业，根据各生态区气候土壤与生产特性差异，可采用以下几种施肥方式。

（一）一次性施肥

黄淮海、西北及西南玉米-大豆带状间作地区可采用一次性施肥方式，在播种时以种肥形式全部施入，肥料以玉米、大豆专用缓释肥或复合肥为主，如玉米专用复合肥或控释肥（如 $N—P_2O_5—K_2O$=28—8—6），每亩 50～80 千克；大豆专用复合肥（如 $N—P_2O_5—K_2O$=14—15—14），每亩 15～25 千克。利用 2BYSF-5（6）型玉米大豆间作播种施肥机一次性完成播种施肥作业，玉米施肥器位于玉米带两侧 15～20 厘米开沟、大豆施肥器则在大豆带内行间开沟，各玉米施肥单体下肥量参照表 4-1。

（二）两段式施肥

西南、西北带状间作区可根据当地整地习惯选择不同施肥方式。一种是“底肥+种肥”，适合需要整地的春玉米带状间作春大豆模式，底肥采用全田撒施低氮复合肥（如 $N—P_2O_5—K_2O$=14—15—14），用氮量以大豆需氮量为上限（每亩不超过 4 千克纯氮）；播种时，利用播种施肥机对玉米添加种肥，玉米种肥以缓释肥为主，施肥量参照当地单作玉米单株用肥量，大豆不添加种肥。另一种是“种肥+追肥”，适合不整地的夏玉米带状间作夏大豆，播种时，利用玉米-大豆带状间作播种施肥机分别施肥，大豆施用低氮量复合肥，玉米按当地单作玉米总需氮量的一半（每亩 6～9 千克纯氮）施加玉米专用复合肥；待玉米大喇叭口期时，追施尿素或玉米专用复合肥（每亩 6～9 千克纯氮）。

西南玉米-大豆带状套作区，采用种肥与追肥两段式施肥方式，即玉米播种时每亩施25千克玉米专用复合肥($N—P_2O_5—K_2O$=28—8—6)，利用玉米播种施肥机同步完成播种施肥作业；玉米大喇叭口期将玉米追肥和大豆底肥结合施用，每亩施纯氮7～9千克、五氧化二磷3～5千克、氯化钾3～5千克，肥料选用氮磷钾含量与此配比相当的颗粒复合肥，如$N—P_2O_5—K_2O$=14—15—14，每亩施用45千克，在玉米带外侧15～25厘米处开沟施入，或利用2BYSF-3型大豆施肥播种机同步完成播种施肥作业。

(三)三段式施肥

针对西北、东北等玉米-大豆带状间作不能施加缓释肥的地区，采用底肥、种肥与追肥三段式施肥方式。

底肥以低氮量复合肥与有机肥结合，每亩纯氮不超过4千克，磷钾肥用量可根据当地单作玉米、大豆施用量确定，可采用带状复合种植专用底肥：$N—P_2O_5—K_2O$=14—15—14，每亩撒施25千克(折合纯氮3.5千克/亩)；有机肥可利用当地较多的牲畜粪尿，每亩300～400千克，结合整地深翻土中，有条件的地方可添加生物有机肥，每亩25～50千克。

种肥仅针对玉米施用，每亩施氮量10～14千克，选用带状间作玉米专用种肥：$N—P_2O_5—K_2O$=28—8—6，每亩40～50千克，利用玉米-大豆带状间作播种施肥机同步完成播种施肥作业。

追肥，通常在基肥与种肥不足时施用，可在玉米大喇叭口期对长势较弱的地块利用简易式追肥器在玉米两侧(15～25厘米)追施尿素10～15千克(具体用氮量可根据总需氮量和已施氮量计算)，切忌在灌溉地区将肥料混入灌溉水中对田块进行漫灌，否则造成大豆因吸入大量氮肥而疯长，花荚大量脱落，植株严重倒伏，产量严重下降。

第三节 微肥施用技术

一、玉米大豆微量元素缺素症状

锌、硼、锰、铁四种微量元素是玉米、大豆共同必需的微量元素，对作物的光合作用、器官建成具有重要的作用，土壤中含量不足时极易造成玉米、大豆生长发育不良，减产减收。

(一)锌素缺失

玉米缺锌症俗名“花叶条纹病”“花白苗”，其主要特征是在玉米3～5叶期，白色幼苗开始显现，伴生的幼叶呈淡黄色至白色，特别是叶基部2/3处更为明显；拔节后，病叶中脉两侧出现黄色条斑，严重时呈宽而白化的斑块，叶肉消失，呈半透明，状如白绸，以后患部出现紫红色，并渐渐成紫红色斑块。病叶遇风容易撕裂，病株节间缩短，矮化，抽雄、吐丝延迟，有的不能吐丝，或能吐丝抽穗，但果穗发育不良，形成“稀癞子”玉米棒。

大豆缺锌的症状主要表现为：节间缩短，植株矮小，叶小畸形，叶片脉间失绿或白化。大豆施锌过多容易造成中毒，锌中毒的症状是植株幼嫩部分或顶端失绿，呈淡绿或灰白色，进而在主茎叶柄下面表现出红紫色或红褐色斑点，根生长受阻。

(二)硼素缺失

玉米苗期缺硼时，叶片展开困难，叶片组织受到破坏，首先在叶脉上出现形状不规则的白色斑点，进而在叶脉之间出现白色条纹，根变粗、变脆，茎秆节间不伸长，植株矮小；开花期缺硼时，雄穗不易抽出，吐丝困难，致使授粉受精不良，容易形成空秆，影响果穗正常结实。

大豆缺硼时，4片复叶后开始发病，花期进入盛发期，新叶失绿或变为淡绿色，叶肉出现浓淡相间斑块，上位叶较下位叶色淡，或叶小浓绿、变厚、变脆。缺硼严重时，节间缩短，植株矮化，形成簇叶，顶芽停止生长并且下卷，顶部新叶皱缩或扭曲畸形，上下反张，个别叶呈筒状；主根短，尖端死亡，侧根多而短，根颈部膨大，根瘤小而少，根瘤发育不良；花荚发育受阻，蕾期停滞，花芽变白或呈淡褐色，或分生组织坏死不能开花，开花后脱落多，荚少，畸形，迟熟。

(三)锰素缺失

玉米植株缺锰时，上部幼嫩叶片的叶脉间组织逐渐变黄，但叶脉及其附近部分的叶肉组织仍然保持绿色，所以整个叶片上形成黄、绿相间的条纹，并且叶片弯曲、下垂。缺锰严重时，叶片上会出现白色条纹，其中央部分变成棕色，以后逐渐枯死。

大豆缺锰症状表现为叶片失绿。早期缺锰，叶片的主脉和侧脉附近区域变成暗绿色，叶脉间为浅绿色的失绿叶斑，幼叶失绿变黄，但叶脉和叶脉附近保持为绿色，脉纹较清晰；随着缺锰症状的加重，叶脉间浅绿色的失绿区逐渐扩大。严重缺锰时，脉间失绿区变为灰绿色或灰白色，叶片薄，叶片皱褶，卷曲或凋萎。

(四)铁素缺失

玉米植株缺铁时，首先是上部幼嫩叶片失绿、黄化，其次是中、下部叶片出现黄、绿相间的条纹，缺铁严重时叶脉变黄，叶片变白，植株严重矮化。通常在石灰性土壤，通气良好条件下易缺；土壤中磷、锌、锰、铜含量过高，钾含量过低均可加重缺铁；施用硝态氮肥也会加重铁的缺乏。

大豆缺铁的症状首先是幼嫩叶失绿，典型的症状是叶片的叶脉之间失绿，叶片上明显可见叶脉深绿而脉间黄化，黄绿相间相当明显，顶芽不死。严重缺铁时，叶片上出现坏死斑点，叶片逐渐坏死，甚至导致整株死亡。

二、微肥施用方法

微肥施用通常有基施、种子处理与叶面喷施三种方法，对于土壤缺素普遍的地区通常以基施和种子处理为主，其他零星缺素田块以叶面喷施为主。施用时，根据土壤中微量元素缺失情况进行补施，缺什么补什么，如果多种微量元素缺失则同时添加，施用时玉米、大豆同步施用。

(一)基施

适合基施的微肥主要有锌肥、硼肥、锰肥、铁肥，适合于西北、东北等先整地后播种的玉米-大豆带状间作地区，采用与有机肥或磷肥混合作基肥同步施用。每亩施硫酸锌 1～2 千克、硫酸锰 1～2 千克、硫酸亚铁 5～6 千克、硼砂 0.3～0.5 千克，与腐熟农家肥或其他磷肥、有机肥等混合施入垄沟内或条施。硼砂作基肥时不可直接接触玉米或大豆种子，不宜深翻或撒施，不要过量施用，否则会降低出苗率，甚至死苗减产；基施硼肥后效明显，不需要每年施用。

(二)叶面喷施

在免耕播种地区，对于前期未进行微肥基施或种子处理的田块，可视田间缺素症状及时采用叶面混合一次性喷施方式进行根外追肥。在玉米拔节期或大豆开花初期、结荚初期各喷施 1 次 0.1%～0.3%的硫酸锌、硼砂、硫酸锰和硫酸亚铁混合溶液，每亩施用药液 40～50 千克。锰肥喷施时可在稀释后的药液中加入 0.15%的熟石灰，以免烧伤作物叶片；铁肥喷施时可配合适量尿素，以提高施用效果。

此外，针对大豆苗期受玉米荫蔽影响、植株细小易倒伏等问题，可在带状套作大豆苗期(V1 期，第一片三出复叶全展)喷施“太谷乐”离子钛，原液浓度为每升 4 克，施用时将原液稀释 1000～1500 倍，即 10 毫升(1 瓶盖)原液加水 10～15 千克搅匀后喷施。针对大豆缺钼导致根瘤生长不好、固氮能力下降等问题，可在大豆开花初期、结荚初期喷施 0.05%～0.1%的钼酸铵液，每亩施用药液 30～40 千克。

第五章　水分管理与化学调控技术

第一节　水 分 管 理

一、玉米大豆对水分的需求

玉米-大豆带状复合种植系统中，作物优先在自己的区域吸收水分，玉米带 2 行玉米，行距窄，根系多而集中，对玉米行吸收水分较多，大豆带植株个体偏小，属于直根系，对浅层水分吸收少，对深层水吸收较多。可见，玉米、大豆植株对土壤水分吸收不同是土壤水分分布不均的原因之一。同时，玉米带行距窄导致穿透降雨偏少，而大豆带受高大玉米植株影响小，获得的降雨较多，导致玉米-大豆带状复合种植水分分布特点有别于单作玉米和单作大豆。玉米-大豆带状复合种植系统在 20～40 厘米土层范围的土壤含水量分布为玉米带<玉豆带间<大豆带，且高于单作。带状复合种植水分利用率高于单作玉米和单作大豆。

（一）玉米不同生育时期对水分的需求

玉米播种至出苗期，需水量少，占总需水量的 3.1%～6.1%。出苗至拔节期，植株矮小，生长缓慢，叶面蒸腾量少，耗水量不大，占总需水量的 15.6%～17.8%；拔节至抽雄期，玉米拔节后，进入旺盛生长阶段，耗水量增大，占总需水量的 23.4%～29.6%，特别是抽雄前 10 天左右，需水更多，为需水临界期的始期；抽雄至籽粒形成期，叶面积大而稳定，植株代谢旺盛，对水分要求达一生中的高峰，亩日耗水量达 3.23～3.69 立方米。籽粒形成至蜡熟期，是玉米籽粒增重最迅速和粒重建成时期，是决定产量的重要阶段，该时期缺水会导致粒重降低而减产。蜡熟至完熟期，籽粒进入干燥脱水过程，仅需少量水分来维持植株生命活动，保证其正常成熟。

（二）大豆不同生育时期对水分的需求

大豆生育前期即从播种、出苗到分枝期，需水量约占总需水量的 30%，其中播种到出苗需水量占总需水量的 10%，出苗到分枝需水量占总需水量的 20%；随着植株的生长对水的需求逐渐增加，在大豆生育中期即分枝、开花、结荚到鼓粒期，需水量达到最大，占总需水量的 55%以上，其中分枝、开花、结荚三个阶段需水量占全生育期总需水量的 34.8%，特别是开花到结荚期是大豆一生中需水的关键期；结荚到鼓粒需水量约占总需水量的 25.8%，也是大豆需水的重要时期；在大豆生育后期即鼓粒期到成熟期，大豆需水量有所减少，需水量占总需水量的 15%。

二、灌溉技术

漫灌是一种比较粗放的灌水方式，操作简单，劳动力和设备投入少。但漫灌需水量大，水的利用率很低，对土地冲击大，容易造成土壤和肥料的流失。在生产上，西北及黄淮海地区采用漫灌方式较普遍，如西北地区包头市土默特右旗，每年会引用黄河水漫灌地块两次，第一次是在每年 4 月上旬，播种之前引用黄河水漫灌地块，待土壤墒情适宜后开展播种工作；第二次是在每年的 7 月上旬，玉米大喇叭口期，大豆分枝初花期，此时漫灌可以同时满足玉米、大豆对水分的大量需求。黄淮海地区，在地块墒情较差的地块，一般会在播种前进行漫灌造墒，待墒情适宜再进行播种，后期一般无须漫灌。在多次漫灌区域应用玉米-大豆带状复合种植技术，播种时需将玉米、大豆一生所需肥料作为种肥分别一次性施用，不能随灌水追施氮肥，以免大豆旺长不结荚。

滴灌是目前节水灌溉方式中最为有效的一种，其水分利用率高达 90%，西北地区使用普遍(图 5-1)。该地区播种季节风大，通常在播种时随播种机将滴灌带浅埋在作物旁 4～5 厘米处，浅埋深度 2～3 厘米。为防止堵塞，一般选用内镶嵌式滴灌带，浅埋时滴头向下。进行灌溉时如遇部分滴灌带浅埋过深影响通水，可通过人工向上提拉滴灌带。每条滴灌带与主管连接处安有控制开关，便于后期通过滴灌带给不同作物追施肥料，如给玉米追施氮肥时，必须关上大豆滴灌带的开关。根据作物需水规律，一般在播后苗前、玉米拔节期(大豆分枝期)、玉米大喇叭口期(大豆开花结荚期)和玉米灌浆期(大豆鼓粒期)进行滴管。

图 5-1 玉米-大豆带状间作滴灌

喷灌按管道的可移动性分为固定式、移动式和半移动式 3 种，黄淮海、西北地区应用较多。安装固定式喷灌的地块，尽量让喷灌装置位于大豆行间，避免后期喷灌受玉米株高的影响。对于移动式、半移动式喷灌，使用方式与单作大田方式相同。针对墒情不好的地块，播种时应先喷灌造墒(图 5-2)，墒情合适再进行播种。如播种前来不及喷灌，播后喷灌要做到强度适中、水滴雾化、均匀喷洒。喷灌水量满足出苗用水即可，过量喷灌会造成土表板结，影响出苗，尤其是大豆顶土能力弱，土表板结严重会导致出苗率大幅度降低。

微喷技术在黄淮海地区使用较多。对于玉米-大豆带状复合种植技术，一般选择直径 4～5 厘米的微喷灌，播种后及时安装于玉米大豆行间。每隔 2～2.5 米安装一条微喷管即可(图 5-3)。

图 5-2　玉米-大豆带状间作播前喷灌造墒

图 5-3　玉米-大豆带状间作苗期微喷

三、排水(涝)技术

农作物除涝排水标准是以农田的淹水深度和淹水历时不超过农作物正常生产允许的耐淹深度和耐淹历时为标准。在玉米-大豆带状复合种植时，根据不同作物最低耐淹水深和耐淹历时，作物生长中后期，全田的淹水深度不能超过 10 厘米，淹水时间小于 1.5 天(表 5-1)。防渍排水标准是控制农作物不受渍害的农田地下水排降标准，即地下水位应在旱作物耐渍时间内排降到农作物耐渍深度以下，根据玉米、大豆的最低耐渍深度和时间，作物生长中后期的耐渍深度不超过 0.4 米，耐渍时间不超过 4 天(表 5-2)。

表 5-1　玉米、大豆耐淹水深和耐淹历时

农作物	生育阶段	耐淹水深/厘米	耐淹历时/天
大豆	开花	7～10	2～3
玉米	抽穗	8～10	1～1.5
	灌浆	8～12	1.5～2
	成熟	10～15	2～3

表 5-2　玉米、大豆排渍标准

农作物	生育阶段	设计排渍深度/米	耐渍深度/米	耐渍时间/天
大豆	开花	0.8～1.0	0.3～0.4	10～12
玉米	抽穗、灌浆	1.0～1.2	0.4～0.5	3～4

第二节　化学调控技术

一、玉米化控降高技术

(一)使用原则

适用于风大、易倒伏的地区和水肥条件较好、生长偏旺、种植密度大、品种易倒伏、对大豆遮阴严重的田块。密度合理、生长正常地块可不化控。根据不同化控药剂的要求，在其最适喷药的时期喷施。掌握合适的药剂浓度，均匀喷洒于上部叶片，不重喷不漏喷。喷药后 6 小时内如遇雨淋，可在雨后酌情减量再喷 1 次。

(二)常用化控药剂类型及化控方法

1. 玉米健壮素

玉米健壮素主要成分为2-氯乙基，一般可降低株高 20～30 厘米，降低穗位高 15 厘米，并促进根系生长，从而增强植株的抗倒能力。

在7～10片展开叶用药最为适宜；每亩用1支药剂(30毫升)兑水20千克，均匀喷于上部叶片即可，不必上下左右都喷，对生长较弱的植株、矮株不能喷；药液要现配现用，选晴天喷施，喷后4小时遇雨要重喷，重喷时药量减半，如遇刮风天气，应顺风施药，并戴上口罩；健壮素不能与其他农药、化肥混合施用，以防失效；要注意喷后洗手，玉米健壮素原液有腐蚀性，勿与皮肤、衣物接触，喷药后要立即用肥皂洗手。

2. 金得乐

金得乐主要成分为乙烯类激素物质，能缩短节间长度，矮化株高，增粗茎秆，降低穗位高15～20厘米，既抗倒，又减少对大豆的遮阴。一般在玉米6～8片展开叶时喷施，每亩用1袋(30毫升)兑水15～20千克喷雾，可与微酸性或中性农药、化肥同时喷施。

3. 玉黄金

玉黄金主要成分是胺鲜酯和乙烯利，通过降低穗位高和株高而抗倒，减少对大豆的遮阴，降低玉米空秆和秃尖。在玉米生长到6～9展开片叶的时候进行喷洒；一亩地用两支(20毫升)玉黄金加水30千克稀释均匀后，利用喷雾器将药液均匀喷洒在玉米叶片上；尽量使用河水、湖水，水的pH应为中性，不可使用碱性水或者硬度过大的深井水；如果长势不匀，可以喷大不喷小；在整个生育期，原则上只需喷施一次，如果植株矮化不够，可以在抽雄期再喷施一次，使用剂量和方法同前。

二、大豆控旺防倒技术

(一)大豆旺长的田间表现

在大豆生长过程中，如肥水条件较充足，特别是氮素营养过多，或密度过大，温度过高，光照不足，往往会造成地上部植株营养器官过度生长，枝叶繁茂，植株贪青，落花落荚，瘪荚多，产量和品质严重下降。

大豆旺长大多发生在开花结荚阶段，密度越大，叶片之间重叠性就越高，单位叶片所接收到的光照越少，导致光合速率下降，光合产物不足而减产。大豆旺长的鉴定指标及方法有：从植株形态结构看，主茎过高，枝叶繁茂，通风透光性差，叶片封行，田间郁蔽；从叶片看，大豆上层叶片肥厚，颜色浓绿，叶片大小接近成人手掌；下部叶片泛黄，开始脱落；从花序看，除主茎上部有少量花序或结荚外，主茎下部及分枝的花序或结荚较少、易脱落，有少量营养株(无花无荚)。

(二)大豆倒伏的田间表现

玉米-大豆带状复合种植时，大豆会在不同生长时期受到玉米的荫蔽，从而影响其形态建成和产量。带状套作大豆苗期受到玉米荫蔽，导致大豆节间过度伸长，株高增加，严重时主茎出现藤蔓化；茎秆变细，木质素含量下降，强度降低，极易发生倒伏(图 5-4)。苗期发生倒伏的大豆容易感染病虫害，死苗率高，导致基本苗严重不足；后期机械化收获困难，损失率极高。带状间作大豆与玉米同时播种，自播种后 40～50 天开始，玉米对大豆构成遮阴，直至收获。在此期间，间作大豆能接收的光照只有单作的 40%左右，荫蔽会促使大豆株高增加，茎秆强度降低，后期容易发生倒伏，百粒重降低，机收困难(图 5-5)。

(三)化学控旺防倒、增荚保产技术

目前生产中应用于大豆控旺防倒的生长调节剂主要为烯效唑或胺鲜酯。烯效唑是一种高效低毒的植物生长延缓剂，具有强烈的生长调节功能。它被植物茎叶和根部吸收、进入植株后，通过木质部向顶部输送，抑制植株的纵向生长、促进横向生长，使植株变矮，一般可降低株高 15～20 厘米，分枝(分蘖)增多，茎枝变粗，同时促

进茎秆中木质素合成，从而提高抗倒性和防止旺长。烯效唑纯品为白色结晶固体，能溶于丙酮、甲醇、乙酸乙酯、氯仿和二甲基甲酰胺等多种有机溶剂，难溶于水。生产上使用的烯效唑一般为含量5%的可湿性粉剂。烯效唑的使用通常有两种方式。一是拌种，大豆种子表面虽然看似光滑，但目前使用的烯效唑可湿性粉剂颗粒极细，且黏附性较强，采用干拌种即可。播种前，将选好的种子按田块需种量称好后置于塑料袋或盆桶中，按每千克种子用量16～20毫克添加5%烯效唑可湿性粉剂，其后来回抖动数次，拌种均匀后即时播种。另一种是叶面喷施，在大豆分枝期或初花期，每亩用5%的烯效唑可湿性粉剂25～50克，兑水30千克喷雾使用，喷药时间选择在晴天的下午，均匀喷施上部叶片即可，对生长较弱的植株、矮株不喷，药液要先配成母液再稀释使用。注意烯效唑施用剂量过多有药害，会导致植物烧伤、凋萎、生长不良、叶片畸形、落叶、落花、落果、晚熟。

图5-4 带状套作大豆苗期倒伏

图 5-5　带状间作大豆生长后期倒伏

胺鲜酯主要成分为叔胺类活性物质，能促进细胞的分裂和伸长，促进植株的光合速率，调节植株体内碳氮平衡，提高大豆开花数和结荚数，结荚饱满。胺鲜酯一般选择在大豆初花期或结荚期喷施，用浓度为 60 毫克/升的 98%的胺鲜酯可湿性粉剂，每亩喷施 30～40 千克，不要在高温烈日下喷洒，下午 4 时后喷药效果较好。喷后 6 小时若遇雨应减半补喷。胺鲜酯遇碱易分解，不宜与碱性农药混用。

第六章　病虫草绿色防控技术

第一节　主要病虫草害的发生特点及防控策略

一、主要病害的发生特点

在玉米-大豆带状复合种植系统内，田间常见玉米病害有叶斑类病害(大斑病、小斑病、灰斑病等)、纹枯病、茎腐病、穗腐病等，其中，以纹枯病、大斑病、小斑病、穗腐病发生普遍；常见大豆病害有大豆病毒病、根腐病、细菌性叶斑病、荚腐病等，其中病毒病和细菌性叶斑病为常发病，根腐病随着种植年限延长而加重，发病率5%～20%。结荚期，如遇连续降雨，大豆荚腐病发生较重。与单作玉米和单作大豆相比，各主要病害的发生率均降低，病害抑制率为4.2%～60%。

(一) 玉米主要病害

1. 玉米大斑病

玉米大斑病又称条斑病、煤纹病，在玉米整个生育期均可发生，以抽穗后发病最重。该病主要为害玉米叶片，也为害叶鞘和苞叶。一般下部叶片先发病，初见水渍状青灰色斑点，后沿着叶脉向两端扩展，形成边缘暗褐色、中央淡褐色或青灰色的大斑，病斑一般长5～10厘米，宽1.0～1.5厘米，严重时病斑融合，叶片变褐枯死(图6-1)。潮湿时病斑上见黑褐色霉层。该病病菌在田间病残体上越冬后，随着雨水飞溅或气流传播到玉米叶片上，在温度20～25℃，相对湿度

90%以上时开始侵染为害。玉米拔节期至抽穗期，如遇连续降雨，田间湿度大，病害较重。玉米-大豆带状复合种植由于高低位作物搭配和分带种植，通风透气好，发病较单作玉米轻。

2. 玉米小斑病

该病在玉米整个生育期均可发生，以抽雄、灌浆期发病较重。主要为害叶片，严重时为害叶鞘、苞叶和果穗。苗期发病在叶片上产生水渍状小病斑，病斑椭圆形或纺锤形，灰色至黄褐色，边缘褐色或黄色晕圈，病斑长 1～1.5 厘米，宽 0.3～0.4 厘米，有时可见 2～3 个同心轮纹(图 6-2)。发病重时多个病斑融合，病叶变黄枯死。湿度较大时，病斑表面常有霉层。病菌可在田间玉米秸秆、病叶或苞叶上越冬，温度达 25~28℃时，通过气流或雨水传播到叶片上侵染为害。7～8 月玉米孕穗、抽雄期，如降雨多，湿度高，容易流行成灾。与大斑病相似，一般玉米-大豆带状间套作田发病轻于单作玉米田。

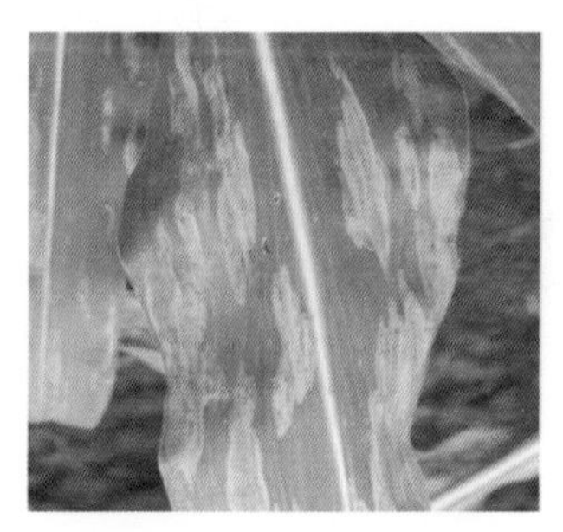

图 6-1　玉米大斑病为害症状

图 6-2　玉米小斑病为害症状

3. 玉米纹枯病

玉米纹枯病从苗期至成株期均可发病，主要为害叶鞘，也可为害茎秆、苞叶和果穗。发病初期在茎基部 1～2 节叶鞘上产生暗绿色水渍状病斑，后扩展融合成不规则或云纹状大病斑。病斑中部灰褐色，边缘深褐色，由下至上蔓延扩展。严重时茎基部组织变为灰白色(图 6-3)。7～8 月多雨、高湿持续时间长，病部滋生稠密的白色菌丝体，并聚集成小菌核。病菌常在土壤中或田间病残株上越冬，第二年菌核萌发产生菌丝从茎基部侵染并向上或邻株蔓延。一般玉米拔节期开始发病，抽雄期发展加快，吐丝灌浆期受害最重。西南地区以 7 月上中旬，温度 20～30℃，雨日多，雨量大，湿度高时，病情发展快。玉米-大豆带状复合种植田块发病率较单作玉米轻。

4. 玉米穗腐病

玉米穗腐病主要发生在玉米生育后期，受害果穗顶部或中部变色，表面覆有粉红色、蓝绿色、黑灰色、黄褐色等不同颜色霉层，病籽粒无光泽，不饱满，内部空虚。病部苞叶常黏结在一起，贴于果穗上不易剥离(图 6-4)。该病常造成果穗腐烂减产，带菌种子发芽率和幼苗成活率降低。一般田间温度 15～28℃，相对湿度 75%以上易发病。高温、多雨，以及玉米螟虫、黏虫和桃柱螟发生偏重的年份，穗腐病发生偏重。带状复合种植玉米穗部虫害较单作玉米轻，穗腐病发生也较轻。

图 6-3　玉米纹枯病症状

图 6-4　玉米穗腐病症状

(二)大豆主要病害

1. 大豆病毒病

感病叶片初期出现明脉，后逐渐发展成花叶斑驳，叶肉隆起，形成疱斑，叶片皱缩(图 6-5)。严重时，植株显著矮化，花荚数减少，病株豆粒蛋白质含量降低、含油量减少，严重影响种子品质。抗病品种上症状不明显，仅新叶呈轻微花叶斑驳。带毒种子及播种后的病苗是田间病害的初侵染源，长江流域该毒源可在蚕豆、豌豆、紫云英等冬季作物上越冬，成为来年病害的初侵染源。在田间，病毒可靠蚜虫传播进行再侵染，传毒蚜虫主要有大豆蚜、豆长须蚜、马铃薯长须蚜、桃蚜和蚕豆蚜等。早期感毒发病的大豆植株常出现矮

图 6-5　大豆病毒病症状

化，后期由蚜虫传播而发病的植株不矮化，只有新叶出现轻微花叶斑驳。花叶症状在气温 18.5℃左右时，症状明显，30℃时症状逐渐隐蔽。该病在单作大豆田的发病率为 70%～95%，带状套作和间作田发病率较低，一般为 5%～30%。

2. 大豆细菌性斑点病

该病在大豆整个生育期均可发生。幼苗染病，子叶见半圆或近圆形病斑，褐色至黑色，病斑周围呈水渍状。叶片染病，初为半透明水渍状褪绿小点，后转变为黄色至深褐色多角状病斑，病斑周围常见黄绿色晕圈，严重时多个病斑汇合成不规则枯死大斑，病叶呈破碎状，下部叶片易脱落(图 6-6)。病菌可在未腐烂的病叶上存活 1 年，越冬后，病叶上的细菌可侵染幼苗而发病，病菌借风雨传播，从下部叶片向上部叶片扩展。结荚后，病菌侵入种荚，为害种子，造成种子带菌。在四川玉米-大豆带状套作区，一般 8 月初发生，8 月中下旬达到高峰，持续至 9 月底。夏、秋季气温低，多雨、多露、多雾天气发病重，暴雨造成的伤口有利于病菌侵染，可加速病情发展，发病重。

图 6-6 大豆细菌性叶斑病症状

3. 大豆根腐病

该病从苗期到成株期均可发生，其病原菌种类多，防治较困难。

受害后植株根部腐烂，侧根减少，病株变矮，根瘤数量减少。病株地上部分多在茎秆分枝处变黑褐色，上部叶片先萎蔫，后逐渐变黄干枯，整个植株会枯萎、腐烂、死亡(图 6-7)。病菌常在田间病残体或土壤中越冬，在大豆苗期开始侵染为害，田间零星局部发生，成株期雨水多、湿度大时病害加重。大豆单作田发病率高于玉米-大豆带状套作和间作田。

图 6-7　大豆根腐病症状

二、主要虫害的发生特点

(一)带状复合种植虫害发生特点

带状间套作能显著降低斜纹夜蛾幼虫、大豆高隆象、大豆蜗牛、钉螺和大豆蚜虫(低飞害虫)的数量，最高抑制率分别达到单作对应大豆害虫数量的 7.0%、23.1%、16.5%、17.9%和 50.2%。与单作相比，带状间套作能显著降低大豆有虫株率，降至单作的 47.6%，行比配置为 2∶3 和 2∶4 的综合控虫效果优于其他配置。小株距密植玉米带对大豆蚜具有明显的阻隔效应，阻碍了携带病毒的大豆蚜的传播和扩散，抑制率达 59.3%。

（二）玉米主要虫害

1. 玉米螟

玉米螟主要以幼虫为害，初龄幼虫蛀食玉米嫩叶形成排孔花叶。3 龄后幼虫蛀入茎秆，为害雄穗和雌穗，受害玉米营养及水分输导受阻，长势衰弱、茎秆易折，雌穗发育不良，影响结实(图 6-8)。后期以老熟幼虫在玉米茎秆、穗轴和根茬中越冬。成虫多在 6 月中下旬始发，7 月中旬进入盛发期，一般温度范围在 15～30℃，旬平均相对湿度在 60%以上时均可发生为害。

图 6-8 玉米螟及为害症状

2. 小地老虎

小地老虎又名切根虫、夜盗虫、土蚕、地蚕，主要以幼虫为害玉米幼苗。幼虫共 6 龄，1～3 龄时，昼夜活动，取食幼苗顶心嫩叶叶肉，残留表皮，形成针孔状花叶，或将幼嫩组织吃成缺刻。3 龄以后，白天潜入土中，夜间活动，咬食叶片或幼茎基部，或从根茎蛀入嫩茎中取食，在黎明前露水未干时活动最频繁，常将咬断的幼苗嫩茎拖入穴中食用(图 6-9)。5～6 龄为暴食阶段，为害约占总量的 95%，造成大量缺苗。该虫每年发生 4～5 代，以 4 月中旬至 5 月中旬的第一代幼虫为害为主，5 月中旬后幼虫老熟入土化蛹，5 月下旬至 6 月上旬为第一代成虫羽化阶段，最后一代成虫一般 10 月中旬发生。田间常以蛹或老熟幼虫在南方越冬，越冬成虫迁飞至北方玉米区为害。田间覆盖度大、杂草丛生、湿度大时，虫量多，为害重，高温则不利于该虫害发生。

图 6-9　玉米小地老虎及为害症状

3. 红蜘蛛

红蜘蛛又称朱砂叶螨，以成、若虫聚集于玉米叶背刺吸叶片汁液，被害处呈现失绿斑点或条斑，严重时整个叶片变白干枯，影响叶片光合作用，造成玉米减产(图 6-10)。3～4 月，随着气温的回升越冬雌成螨开始活动，取食与繁殖，5 月玉米出苗后开始为害，6 月初进入上苗盛期。7 月、8 月是为害盛期，先在玉米田点片发生，遇适宜的气候条件将迅速蔓延至全田，甚至猖獗为害。炎热和干燥条件利其发展。

图 6-10　玉米红蜘蛛及为害症状

（三）大豆主要虫害

1. 斜纹夜蛾

斜纹夜蛾主要以幼虫为害，食性杂，食量大。初孵幼虫在叶背为害，取食叶肉，仅留下表皮；3龄幼虫为害造成叶片缺刻、残缺甚至全部吃光，蚕食花蕾造成缺损（图6-11）；4龄以后进入暴食期，咬食叶片，仅留主脉。成虫白天潜伏在叶背或土缝等阴暗处，夜间出来活动。每只雌蛾能产卵3～5块，每块有卵100～200个，卵多产在叶背的叶脉分叉处，经5～6天就能孵出幼虫，初孵时聚集于叶背，4龄以后和成虫一样，白天躲在叶下土表处或土缝里，傍晚后爬到植株上取食叶片。

图6-11　大豆斜纹夜蛾幼虫及为害症状

2. 大豆高隆象

大豆高隆象成虫通过口器吸食大豆组织，尤其是幼嫩器官生长点、花器和幼荚，影响正常结实（图6-12）。近年来在四川地区发生普遍，严重时爆发成灾。在四川，高隆象1年发生1代，以幼虫在土中越冬，翌年5月上旬在土中化蛹，5月中、下旬羽化为成虫，6月上旬产卵，中旬孵化出幼虫，8～9月入土越冬。成虫羽化盛期在6月上旬，羽化出土后，地面留有直径约3毫米的羽化孔。成虫飞翔力弱，有假死性，喜光，晴天中午多在树冠阳面取食。幼虫直接危害大豆种子(图 6-12)。

图 6-12 高隆象成虫和幼虫的为害症状

3. 豆秆黑潜蝇

豆秆黑潜蝇以幼虫蛀食大豆叶柄和茎秆，造成茎秆中空。苗期受害，因水分和养分输送受阻，有机养料累积，刺激细胞增生，根茎部肿大，叶柄表面褐色，全株铁锈色，植株显著矮化，严重时茎中空、叶脱落，甚至死亡。开花后主茎木质化程度较高，豆秆黑潜蝇只能蛀食主茎的中上部和分枝、叶柄，植株受害较轻(图 6-13)。大豆生育后期受害，花、荚、叶容易过早脱落，百粒重降低。成虫也可吸食植株汁液，形成白色小点，一般多雨、潮湿的季节发生严重。

4. 豆荚螟

豆荚螟幼虫一般从荚中部蛀入，在豆荚内蛀食豆粒，被害籽粒轻则被蛀成缺刻，重则蛀空，仅剩种荚；被害籽粒还充满虫粪，变褐以致霉烂(图 6-14)。1 头幼虫的全幼虫期能蛀食 3～5 粒豆粒，当 1 荚被食空后还能转荚为害。一般年份，大豆豆荚的蛀害率在 15%～30%，个别干旱年份的旱地秋大豆的豆荚蛀害率可高达 80%以上。

图 6-13 豆秆黑潜蝇为害症状

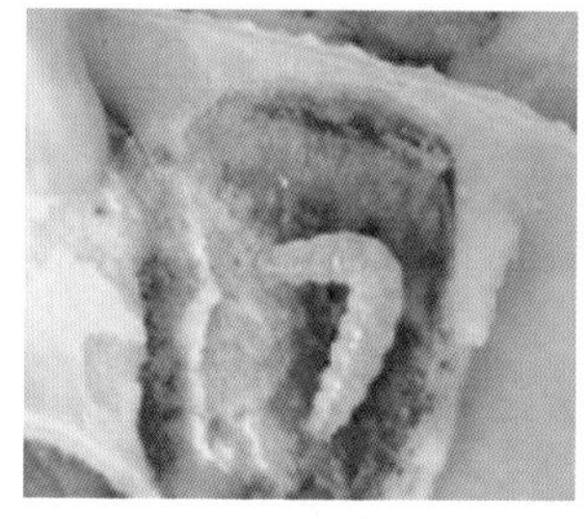

图 6-14 豆荚螟幼虫及为害症状

三、主要杂草及其发生特点

(一)带状复合种植杂草发生特点

带状复合种植全生育期杂草总生物量分别较单作玉米和单作大豆减少 29%和 41%，杂草丰度较单作减少 21%。与单作类似，玉米-大豆带状复合种植系统中的杂草包括单子叶和双子叶杂草，主要有马唐、稗、牛筋草、藜、反枝苋、铁苋菜、龙葵等一年生禾本科和阔叶类杂草，及部分多年生杂草如水花生、问荆、刺儿菜等。杂草先于玉米、大豆萌发出苗，发生期较长，整个生长季节有多个萌发出苗高峰期，且与灌水或降雨密切相关。气温升高，雨水增多时，杂草发生进入高峰。一般出苗后1～2周为防除杂草的关键时期。

玉米-大豆带状间作田杂草与玉米、大豆同时萌发出苗，发生早、量大且集中，较易防除，一次性除草效果较好；玉米-大豆带状套作田杂草发生时期相对较长，出苗不整齐，一次性防除难度大，需要多次除草。

（二）不同地区主要杂草的发生特点

1. 西北、东北玉米-大豆带状间作种植区

该区域包括黑龙江、吉林、辽宁中北部、内蒙古、山西、陕西北部等，阔叶杂草优势种有藜科、蓼科、苋科、菊科等，禾本科杂草以稗为优势种，难除杂草主要为苣荬菜、刺儿菜、鸭跖草、苍耳、问荆等（图6-15）。

刺儿菜　苣荬菜　鸭跖草　马唐

图6-15　西北、东北带状间作区的代表性杂草

玉米和大豆一般在 4 月下旬至 5 月初播种，苣荬菜、稗、柳叶刺蓼、藜等开始萌发出苗，随着气温升高，降雨增多，稗、藜、反枝苋、苘麻等萌发出苗，5 月底至 6 月上旬达到高峰期，为害加重。

2. 黄淮海玉米-大豆带状间作种植区

该区域包括淮河、秦岭以北的山东、河南全部，河北、山西中南部，陕西中部，江苏和安徽北部等。田间优势杂草有马唐、牛筋草、稗、马齿苋、反枝苋、铁苋菜、苘麻等，难除杂草有马唐、香附子、打碗花、苍耳、刺儿菜、苣荬菜等(图 6-16)。

铁苋菜　反枝苋　牛筋草　稗草

图 6-16　黄淮海带状间作区的代表性杂草

麦茬免耕田玉米、大豆 6 月中下旬播种，马唐、稗等杂草先于玉米、大豆出苗，杂草竞争力强，前期防除难度增加。田间多年生杂草发生程度相对较轻，禾本科杂草发生、为害较重，杂草与作物的竞争激烈，应抓住苗后早期及时除草。

3. 西南玉米-大豆带状间套作种植区

该区域包括四川平原及丘陵地区、贵州、广西和云南，湖北和湖南西部，陕西南部等，因地形、地势等差异较大，杂草种类复杂多样，该区域多年生杂草占比较大，杂草发生时间长，难除杂草多。如四川地区，发生较多的杂草有牛膝菊、反枝苋、铁苋菜、通泉草、酢浆草、马唐、牛筋草、稗、空心莲子草、酸模叶蓼、藜、碎米莎草等，其中难防除杂草为水花生、双穗雀稗、反枝苋、牛膝菊、香附子、牛筋草等。

杂草先于玉米和大豆出苗，在玉米、大豆生育期中有多个杂草发生高峰期，化学方法很难一次性防除。土壤墒情好的情况下，如遇降雨或灌水，杂草的发生和危害加重，若防除不及时容易出现草荒。

四、防控原则与策略

（一）防控原则

根据玉米-大豆带状复合种植病虫草害发生特点，充分利用带状复合种植系统中的生物多样性、异质性光环境、空间阻隔、稀释效应、自然天敌、根系化感作用、种间竞争等理论，遵循“公共植保，绿色植保”的方针，以“重前兼后，兼防共治”为防控原则。

重前兼后：重视共生前期初始虫源的压低，共生期一药兼治多种病虫草害，玉米收获后强化大豆虫害防治，控制有害生物越冬总量。

兼防共治：玉米和大豆的初侵染源压低集成技术和病害预警技术的联合使用，兼顾玉米和大豆耐受性的多技术统筹防治。

（二）防控策略

基于带状复合种植田间病虫草害的发生规律，制定了“一施多治，一具多诱，封定结合”的防控策略。

一施多治：针对发生时期一致且玉米和大豆的共有病虫害，在病虫发生关键期，采用广谱生防菌剂、农用抗生素、高效低毒杀虫、杀菌剂，结合农药增效剂，对多种病虫害进行统一防治，达到一次施药，兼防多种病虫害的目标。

一具多诱：针对带状复合种植害虫发生动态，基于趋光性(杀虫灯)、趋色性(色板)、趋化性(性诱剂)等理化原理，采用智能可控多波段LED杀虫灯、可降解多色板、性诱剂装置等物理器具，对主要同类、共有害虫进行同时诱杀，通过人工或智能调控实现一种器具可诱杀多种害虫的目标。

封定结合：依据玉米、大豆对除草剂的选择性差异，采用芽前封闭与苗后定向除草相结合的方法防除杂草。

第二节　病虫害绿色综合防控技术

病虫害防治应该结合本地玉米、大豆病虫害的发生特点和防治经验，制订综合防治计划，适时地进行田间调查，及时采取防治措施。

一、物理防治

在带状复合种植的玉米苗期，采用田间布设可降解色板，如黄、蓝板，防治蚜虫、灰飞虱、蓟马、跳甲等低飞害虫，一般每亩20张，用竹竿或绳线固定，每月换一次新板。

在带状复合种植的玉米大喇叭口期，田间布设智能LED集成波段杀虫灯，灯间距为80～160米，诱杀玉米螟、桃柱螟、斜纹夜蛾、蝽科、金龟科害虫的成虫，压低产卵量。依据当地害虫发生动态，针对不同生育时期害虫，有选择性地开启杀虫灯的特定害虫诱杀波段，以达到较好诱杀效果。

二、生物防治

对斜纹夜蛾、高隆象、桃蛀螟等害虫幼虫，可选用绿僵菌粉与2.5%敌百虫粉混匀，或8000IU/毫升苏云金杆菌可湿性粉剂100～200克/亩，兑水30～45千克，均匀喷施防治；选用枯草芽孢杆菌可湿性粉剂叶面喷施，提高植株免疫力，防治大豆细菌性叶斑病、灰斑病等多种病害；采用性信息素诱芯及配套诱捕器悬挂于田间，在大豆开花前期，诱捕斜纹夜蛾、桃蛀螟成虫，每亩安放3～5套，均匀悬挂在田间。

三、药剂防治

带状间套作玉米的主要病虫害有纹枯病、穗腐病、叶斑类病害和玉米螟、桃柱螟、蜗牛等，大豆有细菌性叶斑病、病毒病，以及大豆斜纹夜蛾、高隆象、蜗牛、豆秆黑潜蝇、豆荚螟虫等。化学防治应选用高效、低毒、低残留药剂，并添加农药增效剂激健(每亩30克)，视情况统防统治1～2次，具体用药方法见表6-1和表6-2。

表6-1 玉米-大豆带状套作全生育期病虫害药剂防治

生育时段	主要病虫害	防治方法
玉米单作期	虫害：玉米地老虎、玉米螟、红蜘蛛等	选用包衣玉米种子，防治地下害虫，如地老虎。 采用1.5%辛硫磷颗粒500～750克/亩于喇叭口丢心，或者采用20%虫酰肼悬浮剂25～35毫升/亩，或20%辛硫磷乳油200～250毫升/亩，或20%克百威乳油200～250毫升/亩，兑水50～75千克，均匀喷雾，防治玉米螟、红蜘蛛等害虫
	病害：玉米纹枯病、立枯及猝倒病	选用包衣玉米种子，预防纹枯病、立枯及猝倒等土传病害
玉米、大豆共生期	虫害：玉米螟、桃柱螟、蜗牛等	播种前，田间拌土撒施6%四聚乙醛(蜗牛克)500～1000克/亩，预防蜗牛、钉螺。 采用4%高氯·甲维盐微乳剂0.6～0.8克/亩，或1.8%阿维菌素乳油60～100毫升/亩，或10%氟虫双酰胺·阿维菌素30～40毫升/亩，或30%乙酰甲胺磷乳

续表

生育时段	主要病虫害	防治方法
		油 120～240 毫升/亩，兑水 50～75 千克，在田间虫口密度达 5%时，喷施 1～2 次，每次间隔 7～10 天，防治玉米螟、桃柱螟等害虫
	病害：玉米纹枯病、穗腐病等，大豆根腐病等	采用 2%戊唑醇悬浮种衣剂包衣(药种比 1∶120～1∶180)，或精甲·咯菌腈霜灵悬浮剂(精歌)18～25 克拌种 100 千克，防治大豆根腐病等土传病害。 采用 70%甲基硫菌灵可湿性粉剂 40～80 克/亩，或 25%三唑酮可湿性粉剂 100 克/亩，或 12.5%烯唑醇可湿性粉剂 40 克/亩，均配合 5%井冈霉素水剂 5～7.5 克/亩，兑水 50～75 千克，均匀喷雾，间隔 10 天左右，连续喷施 1～2 次，防治玉米纹枯病、穗腐病等
大豆单作期	虫害：豆荚螟、斜纹夜蛾、豆秆黑潜蝇、豆荚螟等	采用 4%高氯·甲维盐微乳剂 0.6～0.8 克/亩，或 1.8%阿维菌素乳油 60～100 毫升/亩，或 10%氟虫双酰胺·阿维菌素 30～40 毫升/亩，或 30%乙酰甲胺磷乳油 120～240 毫升/亩，兑水 50～75 千克，在田间虫害高发期喷施 1～2 次，每次间隔 7～10 天，防治豆荚螟、斜纹夜蛾、豆秆黑潜蝇等害虫
	病害：细菌性叶斑病、病毒病、大豆荚腐病	采用 72%农用硫酸链霉素 3000～4000 倍液和 30%碱式硫酸铜悬浮剂 400 倍液，均匀喷施叶片，防治细菌性叶斑病；采用 2%宁南霉素水剂 200～260 倍液，或者 10%病毒王可湿性粉剂 500 倍液，于发病初期连续均匀喷施 1～2 次，间隔 7～10 天，防治病毒病；采用 25%氰烯菌酯悬浮剂 80～100 毫升/亩兑水不超过 30 千克、或 25%甲霜灵·锰锌可湿性粉剂 800～1000 倍液防治荚腐病，于病害发生初期均匀喷施，连续喷 1～2 次，间隔 7～10 天

表 6-2　玉米-大豆带状间作全生育期病虫害药剂防治

生育期	主要病虫害	防治方法
播种期	虫害：玉米地老虎、玉米螟、红蜘蛛、蚜虫等	选用包衣的玉米种子防治地下害虫。 采用 20%虫酰肼悬浮剂 25～35 毫升/亩，或 20%辛硫磷乳油 200～250 毫升/亩，或 20%克百威乳油 200～250 毫升/亩，兑水 50～75 千克，均匀喷施，防治玉米螟、红蜘蛛、蚜虫等害虫
	病害：玉米立枯病、猝倒病及纹枯病，大豆根腐病	选用包衣玉米种子，预防纹枯病、立枯及猝倒等玉米土传病害。 采用 2%戊唑醇悬浮种衣剂包衣(药种比 1∶120～1∶180)，或精甲·咯菌腈霜灵悬浮剂 18～25 克拌种 100 千克，防治大豆根腐病等大豆土传病害
玉 米 大	虫害：玉米螟、	田间拌土撒施 6%四聚乙醛(蜗牛克)500～1000 克/亩，预防蜗

续表

生育期	主要病虫害	防治方法
喇叭口至收获期，大豆苗期至开花期	桃柱螟等钻穗害虫，高隆象、蝽科、斜纹夜蛾、豆秆黑潜蝇、蜗牛等	牛、钉螺。 采用4%高氯·甲维盐微乳剂0.6～0.8克/亩，或1.8%阿维菌素乳油60～100毫升/亩，或10%氟虫双酰胺·阿维菌素30～40毫升/亩，或30%乙酰甲胺磷乳油120～240毫升/亩，兑水50～75千克，在田间虫口密度达5%时，喷施1～2次，每次间隔7～10天，防治玉米螟、桃柱螟、高隆象、蝽科、斜纹夜蛾等害虫
	病害：玉米纹枯病、穗腐病、叶斑类病害，大豆根腐病、细菌性叶斑病、病毒病等	采用70%甲基硫菌灵可湿性粉剂40～80克/亩，或25%三唑酮可湿性粉剂100克/亩，或12.5%烯唑醇可湿性粉剂40克/亩，均配合5%井冈霉素水剂5～7.5克/亩，兑水50～75千克，均匀喷雾，间隔10天左右，连续喷施1～2次，防治玉米纹枯病、穗腐病等
大豆结荚期至成熟期	虫害：豆荚螟、斜纹夜蛾等	采用4%高氯·甲维盐微乳剂0.6～0.8克/亩，或1.8%阿维菌素乳油60～100毫升/亩，或10%氟虫双酰胺·阿维菌素30～40毫升/亩，或30%乙酰甲胺磷乳油120～240毫升/亩，兑水50～75千克，在田间虫口密度达5%时，喷施1～2次，每次间隔7～10天，防治玉米螟、桃柱螟、高隆象、蝽科、斜纹夜蛾等害虫
	病害：细菌性叶斑病、病毒病、大豆荚腐病	采用72%农用硫酸链霉素3000～4000倍液和30%碱式硫酸铜悬浮剂400倍液防治细菌性叶斑病；采用2%宁南霉素水剂200～260倍液，或者10%病毒王可湿性粉剂500倍液，于发病初期连续均匀喷雾1～2次，间隔7～10天，防治病毒病；采用25%氰烯菌酯悬浮剂80～100毫升/亩，兑水不超过30千克，或25%甲霜灵·锰锌可湿性粉剂800～1000倍液防治荚腐病，于病害发生初期均匀喷施，连续喷1~2次，间隔7～10天

此外，应加强田间管理。连续降雨后，注意排水，避免低洼积水，导致涝害。玉米收获后的秸秆及病残体要及时移出田间，减少病虫积累量。秋季收获后，要及时深翻土壤，减少土壤表面、病残体上病虫害的越冬量。

第三节 杂草防除技术

出苗后1～2周为杂草竞争临界期，为防除杂草的关键时期。

(一)芽前封闭除草

1. 玉米-大豆带状套作种植区

玉米播后芽前，可选用96%精异丙甲草胺乳油60～80毫升/亩，进行封闭除草。如果玉米行间杂草较多，在播大豆前4～7天，先用微耕机灭茬后，再选用50%乙草铵乳油150～200毫升/亩+41%草铵膦水剂100～150毫升/亩，兑水40千克/亩，通过背负式喷雾器定向喷雾，注意不要将药液喷施到玉米茎叶上，以免发生药害。如果玉米行间杂草较少，可用微耕机灭茬后直接播种大豆。

2. 玉米-大豆带状间作种植区

对于以禾本科杂草为主的田块，选用96%精异丙甲草胺乳油(金都尔)80～100毫升/亩进行芽前防除；对于单、双子叶杂草混合危害的田块，播后芽前选用96%精异丙甲草胺乳油50～80毫升/亩+50%嗪草酮可湿性粉剂20～40克/亩，兑水40千克/亩，芽前均匀喷雾。

对于机收麦茬田块，田间已有少量杂草或自生麦苗，播后芽前封闭除草时需要在除草剂中添加阔叶类杂草茎叶除草剂，以达到“封杀”双重效果，为后期定向除草减轻压力，可选用根茎叶均能吸收的除草剂，如50%乙草胺乳油100～200毫升/亩+15%噻吩磺隆可湿性粉剂8～10克/亩，兑水60千克/亩以上，施药时尽可能加大兑水量，使药剂能充分喷淋到土表。

对于黄淮海流域玉米-大豆间作种植区，选用33%二甲戊灵乳油100毫升/亩+24%乙氧氟草醚乳油10～15毫升/亩，兑水45～60千克/亩，芽前均匀喷雾。

对于西北地区整地较早、阔叶杂草已出苗的田块，在播后芽前，可选用96%精异丙甲草胺乳油50～80毫升/亩+15%噻吩磺隆可湿性粉剂8～10克/亩，兑水45～60千克/亩，均匀喷雾。在土壤干旱条件下施药要加大用水量，有灌溉条件的地方可先灌水后施药。

(二)苗后定向除草

播后芽前未施用封闭除草剂或芽前除草效果不好的田块，在玉米、大豆苗后早期应及时补施茎叶除草剂。

选用除草剂不恰当或施用过量易导致植株出现药害，表现为失绿、黄化，叶片卷曲、畸形，甚至焦枯死亡等症状。科学及时采取补救措施至关重要。如果药害症状较轻，应加强肥水管理，喷施叶面肥、生长调节剂(如赤霉素、油菜素内酯)等，以减轻药害；如果药害严重，应及时补种，且适当增加播种深度。

1. 喷药时间

一般应在大豆1～2片复叶期对大豆行定向喷施除草剂，玉米带定向喷施茎叶除草剂的最佳施药时期为5～6叶期。过早或过晚均易发生药害或降低药效；施药过迟，温度高，玉米大豆易发生药害。在杂草萌发出苗高峰期以后，即大部分禾本科杂草2～4叶期和阔叶杂草株高3～5厘米时施药，能保证较好的除草效果。

2. 主要药剂与剂量

1)玉米除草剂

在玉米2～4叶期可选用75%噻吩磺隆0.7～1克/亩，或96%精异丙甲草胺乳油 50～80 毫升/亩+20%氯氟吡氧乙酸异辛酯乳油100～150毫升/亩，或4%烟嘧磺隆悬浮剂75～100毫升/亩+20%氯氟吡氧乙酸异辛酯乳油100～150毫升/亩，兑水40千克/亩，定向喷雾。

对于前期封闭除草未能防除的香附子、田旋花、小蓟等，可在玉米5～7叶期选用56% 2-甲-4-氯钠盐可溶性粉剂80～120克/亩，或20%氯氟吡氧乙酸乳油30～50毫升/亩，兑水30千克/亩，定向喷施。

玉米-大豆带状套作田块，玉米8叶期后，株高已超过60厘米，茎基部紫色老化后，可选用41%草铵膦水剂100毫升/亩，兑水40千克/亩进行除草；如果田间杂草未封地面，也可选用96%精异丙甲草胺乳油 50～80 毫升/亩+41%草铵膦水剂 100～150 毫升/亩+20%氯氟吡氧乙酸异辛酯乳油 100～150 毫升/亩，兑水 40 千克/亩，定向喷施。

2）大豆除草剂

大豆苗期以禾本科杂草为主，可选用 25%氟磺胺草醚水剂 80 克～100 克，或 10%精喹禾灵乳剂 20 毫升混 25%氟磺胺草醚 20 克，或 5%精喹禾灵乳油 50～75 毫升/亩，或 24%烯草酮乳油 20～40 毫升/亩，或 10.8%高效吡氟氯禾灵乳油 20～40 毫升/亩，兑水 30 千克/亩，定向喷施。

对于杂草较少或雨后杂草大量发生前，可选用 5%精喹禾灵乳油 50～75 毫升/亩+72%异丙甲草胺乳油 100～150 毫升/亩，或 5%精喹禾灵乳油 50～75 毫升/亩+96%精异丙甲草胺乳油 50～80 毫升/亩，或 5%精喹禾灵乳油 50～75 毫升/亩+33%二甲戊乐灵乳油 100～150 毫升/亩，或 24%烯草酮乳油 20～40 毫升/亩+50%异丙草胺乳油 100～200 毫升/亩，兑水 30 千克/亩，定向喷施。

对于田间大量发生的禾本科杂草狗尾草、稗和苍耳、铁苋菜、反枝苋等阔叶杂草，可选用 5%精喹禾灵乳油 50～75 毫升/亩+25%氟磺胺草醚水剂 50～80 毫升/亩，或 24%烯草酮乳油 20～50 毫升/亩+25%氟磺胺草醚水剂 40～60 毫升/亩，兑水 30 千克/亩，定向喷施。

3. 喷药机具与方法

针对玉米大豆对除草剂的选择性差异，需要采用自走式双系统分带喷雾机。该机主要由分带幕板、双施药变量喷雾系统和风幕辅助气流系统等结构组成（图 6-17），具体技术参数见表 6-3。当然，也可选用生产上常用的自走式喷雾机，然后在喷雾装置上增设塑料薄膜等分隔装置来实现分带喷施除草剂，如图 6-18 所示，不过采用这种方法在打药时需要分别对玉米和大豆进行喷施作业。避免在雨天、大雾等恶劣条件下喷药作业。

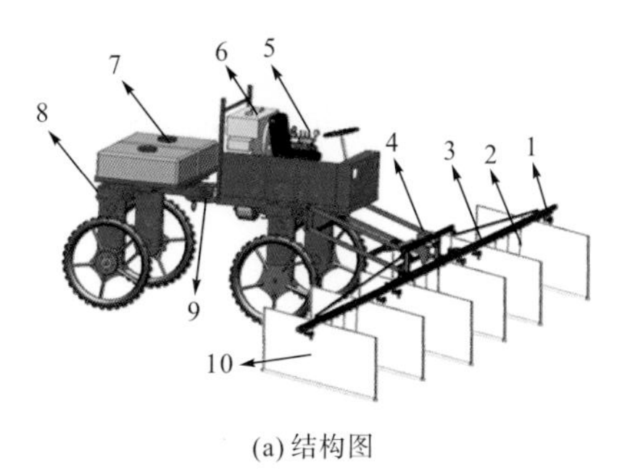

(a) 结构图

(b) 实物图

图 6-17　3WPZ-1000 高地隙自走式喷杆喷雾机

1. 植保喷头；2. 吊挂喷杆；3. 三段折叠式喷杆；4. 平行四杆机构；5. 变量控制系统；6. 动力输出装置；7. 药箱；8. 轮距调整装置；9. 折腰转向机构；10. 分带幕板

图 6-18　农民自制玉米大豆定向分带喷药机

表 6-3　3WPZ-1000 分带喷杆喷雾机技术参数

药箱容量/升	外形尺寸/(毫米×毫米×毫米)	轮距/毫米	轴距/毫米	喷嘴离地高度调节范围/毫米	喷杆喷幅/米	工作压力/兆帕	标定功率/千瓦	喷头数量/个	离地间隙/毫米
500	4820×2040×2970	1600～1900(可调)	1600	500～1700	8	0.3～0.6	38.8	15	900

喷施作业操作方法：①田间作业前，一是应在发动机未启动状态下，检查所有紧固件是否紧固，喷头装置、电瓶电压与轮胎气压等是否正常；二是启动发动机，达到额定转速，操作喷杆升降、左右喷杆桁架的展开，检查分带幕板是否折叠和分带是否严密等；三

是调整喷雾压力至规定值，试喷 2 分钟以上，检查所有喷头的喷雾状态和双施药变量喷雾系统是否良好。②田间作业时，一是规划好作业路线，减少空驶行程和压苗损失，避免逆风喷施；二是田间行走时轮胎应行走在大豆与玉米带间(60 厘米)，禁止行走在窄行大豆带间；三是喷头距离作物冠层 50 厘米左右，喷雾机作业速度在 5～8 公里/时；四是亩喷药量 10～20 千克。

喷施作业注意事项：①操作人员应佩戴口罩，做好防护，避免农药中毒；②施药作业地块边际 50 米范围内无鱼塘、河流、湖泊等水源，喷洒结束后若药箱内还有剩余药液，应妥善处理，严禁随地倾倒；③植保作业时，适宜环境温度为 5～35℃，当气温超过 35℃时应暂停作业，相对湿度宜在 50%以上，风速大于 3 级、雨天、雾天禁止作业。

第七章 收 获 技 术

第一节 收 获 模 式

一、成熟植株特性

（一）大豆

大豆适宜收获时间较短。收获时间过早，籽粒尚未充分成熟，蛋白质和脂肪等营养成分的含量较低；收获时间过晚，大豆失水过多，会造成大量炸荚掉粒。最适宜时期是在大豆完熟初期，此期大豆叶片全部脱落，茎、荚和籽粒均呈现出原有品种的色泽，籽粒含水量下降到 20%～25%，用手摇动植株会发出清脆响声。青贮收割时间为大豆鼓粒末期。

此外，选用宜机收大豆品种也非常关键。如果选用结荚部位低，脱水快的品种，收割时易产生漏收、炸荚、抛枝、掉枝及大豆泥花等。当收获机上割刀的离地高度太高时，就会发生漏割（豆荚未割下）、炸荚（割到豆荚）等损失；而割刀离地高度太低时又会出现割刀铲土、大豆泥花等现象。

（二）玉米

玉米适宜收获的时间较长。收获时间过早，粒重较轻，产量降低，而收获时间过晚，玉米果穗会掉落，影响产量和品质。当茎叶和苞叶变黄、籽粒乳线消失、顶部出现黑层时，玉米已成熟，籽粒含水量约 30%，适合用果穗收获机摘穗；籽粒含水率下降到 25%左右，适合用籽粒收获机收获；青贮收获时间为籽粒玉米乳线处在1/3～1/2时(图7-1)。

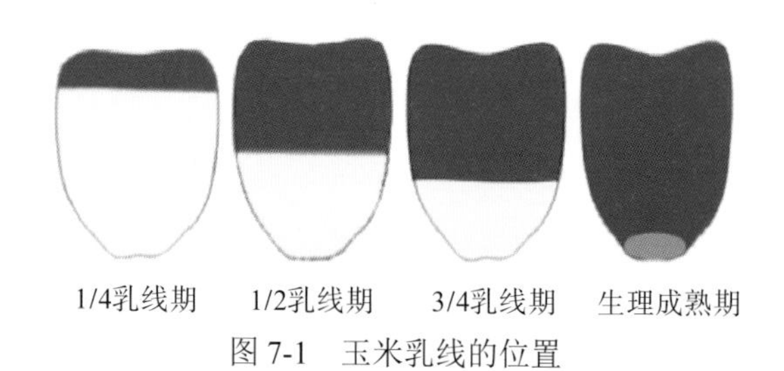

图7-1 玉米乳线的位置

二、成熟顺序与收获模式

在玉米-大豆带状复合种植中，玉米、大豆成熟顺序的不同，其所对应的机械收获模式也不一样，有玉米先收、大豆先收和玉米、大豆同时收三种模式。

玉米先收。适用于玉米先于大豆成熟的区域，主要分布在西南套作区及华北间作区。该模式通过窄型两行玉米联合收获机或高地隙跨带玉米联合收获机先将玉米收获，然后等到大豆成熟后再采用生产常用的大豆机收获大豆(图7-2)。

图7-2 玉米先收示意图

大豆先收。适用于大豆先于玉米成熟，主要分布在黄淮海、西北等地的间作区。该模式通过窄型大豆联合收获机先将大豆收获，然后等玉米成熟后再采用生产常用的玉米机收获玉米(图 7-3)。

图 7-3　大豆先收示意图

玉米、大豆同时收。适用于玉米、大豆成熟期一致，主要分布在西北、黄淮海等地的间作区。同时收模式有两种形式：一是采用当地生产上常用的玉米和大豆收获机，一前一后同时收获玉米和大豆[图 7-4(a)]；二是采用青贮收获机同时对玉米、大豆收获粉碎供青贮用[图 7-4(b)]。

(a) 一前一后收获方式

(b) 玉米大豆同时青贮收获

图 7-4　玉米大豆同收示意图

第二节　玉米先收技术

玉米先收技术是指在大豆带间用玉米联合收获机收获玉米的一种技术。采用玉米先收技术必须满足以下要求：①玉米先于大豆成熟；②除了严格按照玉米-大豆带状复合种植技术要求种植外，应在地块的周边种植玉米。收获时，先收周边玉米，利于机具转行收获，缩短机具空载作业时间；③玉米收获机种类很多，尺寸大小不一。玉米带位于两带大豆带之间，因此，选用的玉米收获机的整机宽度不能大于大豆带间距离，不同区域的大豆带间距离为 1.6～1.8 米，因此只能选用整机总宽度≤1.6 米的两行玉米机。

一、机具型号与机具参数

先收玉米模式采用窄型两行玉米果穗收获机，机具总宽度≤1.6 米，整机结构紧凑，重心低。如图 7-5、图 7-6 所示为适用于玉米-大豆带状复合种植模式玉米机收作业的代表机型，表 7-1 为适宜机型的主要参数。

图 7-5　国丰窄型 2 行玉米果穗收获机

图 7-6　金达威 4YZP-2C 自走式玉米收获机

表 7-1　适宜机型的主要参数

名称	外形（长×宽×高）/（毫米×毫米×毫米）	功率/千瓦	作业效率/（亩/时）	果穗损失率/%	含杂率/%	生产厂家
国丰山地丘陵玉米果穗收获机	6350×1500×3220	45	5～8	≤1	≤3	山东国丰机械有限公司
金达威 4YZP-2C 自走式玉米收获机	4750×1590×2545	36.8	3～6	≤1.1	≤2.5	莱州市金达威机械有限公司
玉丰 4YZP-2x 履带自走式玉米收获机	4300×1550×1990	33	4～6	≤2	≤3	山东玉丰农业装备有限公司
华夏 4YZP-2A 自走式玉米收获机	4700×1500×2600	102	5～7	≤2	≤2	山东华夏拖拉机制造有限公司
金大丰 4YZP-2C 自走式玉米收割机	6500×1360×3050	128	6～18	≤2	≤5	山东金大丰机械有限公司
巨明 4YZP-268 自走式玉米收获机	6750×1600×3050	48	8～10	≤4	≤4	山东巨明机械有限公司
仁达 4YZX-2C 自走式玉米收获机	5700×1600×2800	73	3～12	≤2	≤5	山西仁达机电设备有限公司
沃德 4YZ-2B 玉米收获机	5300×1600×2850	48	3～6	≤2	≤3	河南沃德机械制造有限公司

二、主要部件的功能与调整

玉米果穗的一般收获流程为：玉米植株首先在拨禾装置的作用下滑向摘穗口，茎秆喂入装置将玉米植株输送至摘穗装置进行摘穗，割台将果穗摘下并输送至升运器，果穗经升运器输送至剥皮装置，果穗剥皮后进入果穗箱，玉米秸秆粉碎后还田（或切碎回收）。玉米果穗收获机如图 7-7 所示，主要作业装置包括割台、输送装置、剥皮装置、果穗箱以及秸秆粉碎装置等。

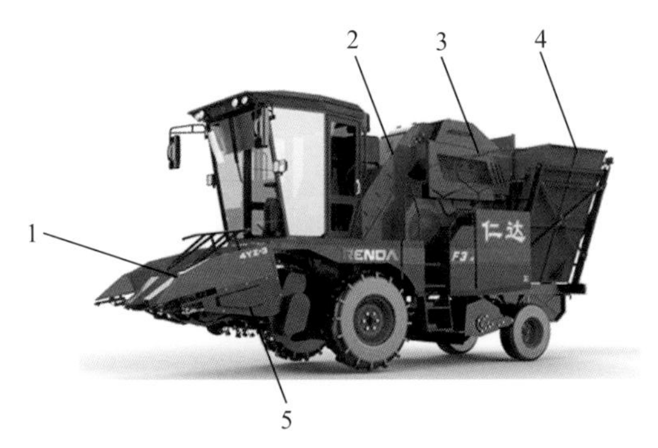

1. 割台；2. 输送装置；3. 剥皮装置；4. 果穗箱；5. 秸秆粉碎装置

图 7-7　仁达 4YZX-2C 自走式玉米收割机

(一)割台的结构与调整

玉米联合收获机的割台主要功能是摘穗和粉碎秸秆，并将果穗运往剥皮或脱粒装置。割台的结构如图 7-8 所示，由分禾装置、茎秆喂入装置、摘穗装置、果穗输送装置等组成。

图 7-8　纵卧辊式摘穗割台结构图

1. 分禾装置；2. 茎秆喂入装置；3. 摘穗装置；4. 果穗输送装置

割台的使用与调整：①根据玉米结穗的不同高度，将割台做相应的高度调整，以摘穗辊中段略低于结穗高度为最佳，通过操纵割台液压升降控制手柄即可改变割台的高低。②摘穗板间隙通常要比玉米秸秆直径大 3～5 毫米。通常通过移动左、右摘穗板来实现摘穗板间隙的调整。首先将其固定螺栓松开，然后左、右对称移动摘穗板到所需间隙，最后紧固螺栓即可。③割台的喂入链松紧度通过调整链轮张紧架来实现。

(二)果穗升运器的功能与调整

果穗升运器主要采用刮板式结构，它的作用是将割台摘下的带苞叶的玉米果穗输送到剥皮装置或者脱粒装置。升运器的链条在使用当中应及时定期检查、润滑和调整，链条松紧要适当，过紧或过松都会影响升运器的工作效率。升运器链条松紧是通过调整升运器主动轴两端的调整螺栓实现的，首先拧松锁紧螺母，然后转动调节螺母(图 7-9)，左右两链条的张紧度应一致，正常的张紧度为用手在中部提起链条时离底板高度约 60 毫米。

图 7-9 输送链条调整示意图

1. 输送链条；2. 刮板；3. 锁紧螺母；4. 调节螺母；5. 螺栓

（三）果穗剥皮装置的功能与调整

玉米联合收获机的剥皮装置主要功能是将玉米果穗的苞叶剥下，并将苞叶、茎叶混合物等杂物排出。一般是由剥皮机架、剥皮辊、压送器、筛子等组成。其中，剥皮辊组是玉米剥皮装置中最主要的工作部件，对提高玉米果穗剥皮质量和生产效率具有决定性的作用。

剥皮机构的调整：①星轮和剥皮辊间隙调整。星轮压送器与剥皮辊的上下间隙可根据果穗的直径大小进行调整，调整完毕后，需重新张紧星轮的传动链条，如图 7-10 所示。②剥皮辊间距的调整。剥皮辊间距关系着剥皮效率和对玉米籽粒的损伤程度。所以根据不同玉米果穗的直径可适当调整剥皮辊间隙，调整时通过调整剥皮辊、外侧一组调整螺栓，改变弹簧压缩量(图 7-11)，实现剥皮辊之间距离的调整。③动力输入链轮、链条的调整。调节张紧轮的位置，改变链条传动的张紧程度，如图 7-12 所示。

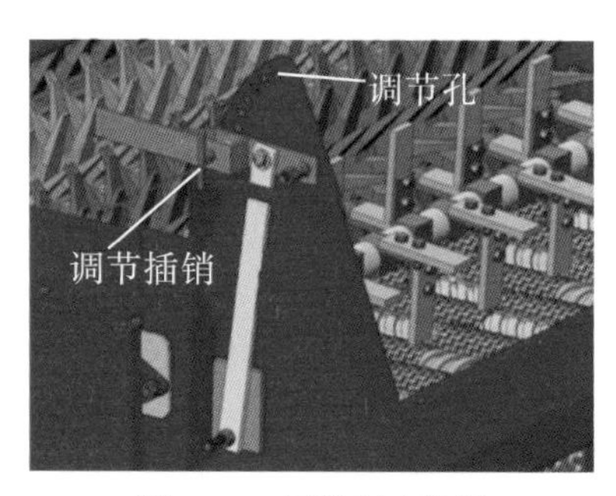

图 7-10 平辊剥皮装置

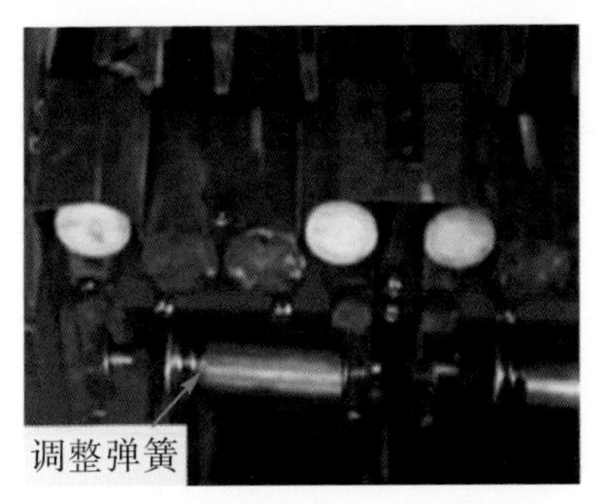

图 7-11　星轮式压送器

图 7-12　叶轮式压送器

三、收获操作技术

先收玉米作业时，首先收获田间地头两端的玉米，再收大豆带间玉米。收获大豆带间玉米时需注意玉米收获机与两侧大豆的距离，防止收获机压到两边的大豆。若大豆有倒伏，可安装拨禾装置拨开倒伏大豆。完成玉米收割后，等大豆成熟后，选用生产中常用大豆收获机收割剩下的大豆，操作技术与单作大豆相同。收获玉米过程中机手应注意的事项：①机器启动前，应将变速杆及动力输出挂挡手柄置于空挡位置；收获机的起步、结合动力挡、运转、倒车时要鸣喇叭，观察收获机前后是否有人。②收获机工作过程中，随时观察果穗升运过程中的流畅性，防止发生堵塞、卡住等故障；注意果穗箱的装载情况，避免果穗箱装满后溢出或者造成果穗输送装置的堵塞和故障。③调整割台与行距一致，在行进中注意保持直线匀速作业，避免碾压大豆。④玉米收获机的工作质量应达到籽粒损失率≤2%、果穗损失率≤5%、籽粒破损率≤1%以及苞叶剥净率≥85%。

第三节　大豆先收技术

大豆先收技术是指在玉米带间用大豆收获机收获大豆的一种技术。采用大豆先收技术必须满足以下要求：①大豆先于玉米成熟。②除了严格按照玉米-大豆带状复合种植技术要求种植外，应在地块的周边种植大豆。收获时，先收周边大豆，利于机具转行收获，缩短机具空载作业时间。③大豆收获机种类很多，尺寸大小不一。大豆带位于两带玉米带之间，因此，选用的大豆收获机的整机宽度不能大于玉米带间距离，不同区域的玉米带间距离为1.6～2.6米，因此只能选用整机总宽度小于当地采用的玉米带间距离的大豆收获机。

一、机具型号与参数

大豆先收技术要求大豆收获机整机宽度≤1.6～2.6米，割茬高度低于5厘米，作业速度应在3～6千米/时范围内，图7-13所示为适用于玉米-大豆带状复合种植模式大豆机收作业的代表机型。现有适合的三种机型参数见表7-2。

(a) 刚毅GY4D-2型收获机

(b) 金兴4LZ-1.6Z型收获机

(c) 沃得4LZ-4.0HA型收获机

图7-13　适宜大豆收获机具

表 7-2 适宜大豆收获机具参数

机型	外形尺寸 长×宽×高 （毫米×毫米×毫米）	割台幅宽/ 毫米	作业效率 （亩/时）	厂家
GY4D-2	4350×1570×2550	1450	2.25-4.5	四川刚毅科技集团有限公司
4LZ-3.0Z	4300×1780×2675	1550	4.05~7.32	德阳市金兴农机制造有限责任公司
4LZ-0.8	2700×1420×1350	1200	0.9~1.47	山东唯信农业科技有限公司

二、主要部件及功能

GY4D-2 大豆通用联合收获机（图 7-14）主要由切割装置、拨禾装置、中间输送装置、脱粒装置、清选装置、行走装置、秸秆粉碎装置等组成。主要功能是将田间大豆整株收割，然后脱粒清选，最后将秸秆粉碎后回收做饲料或直接还田。

（一）割台的功能与调整

大豆联合收获机中割台总成是由拨禾轮、切割器、搅龙等工作部件及其传动机构组成，主要用以完成大豆的切割、脱粒和输送，是大豆联合收获机的关键部分。

1. 割台

根据大豆收获机械的不同特点，割台有卧式和立式两种，主要由拨禾轮、分禾器、切割器、割台体、搅龙和拨指机构等组成（图 7-15）。

图 7-14 GY4D-2 大豆联合收获机

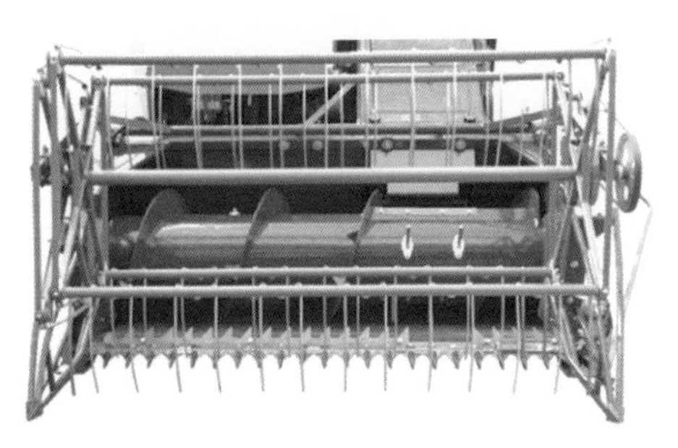

图 7-15 GY4D-2 大豆收获割台结构示意图

2. 拨禾轮

拨禾轮的作用是将待割的大豆茎秆拨向切割装置中，防止被切割的大豆茎秆堆积于切割装置中，造成堵塞。通常采用偏心拨禾轮，主要由带弹齿的拨禾杆、拉筋、偏心辐盘等组成(图 7-16)。

拨禾轮的安装位置是影响大豆作业的重要因素之一。当安装高度过高时，弹齿不与作物接触，造成掉粒损失；安装高度过低，会将已割作物抛向前方，造成损失。一般情况下为使弹齿把割下作物很好地拨到割台上，弹齿应作用在豆秆重心稍上方(从顶荚算起重心约在割下作物的 1/3 处)，若拨禾轮位置不正确可通过移动拨禾轮在割台支撑杆上的位置实现调节(图 7-17)。收割倒伏严重的大豆时，弹齿可后倾 15°～30°以增强扶倒能力。

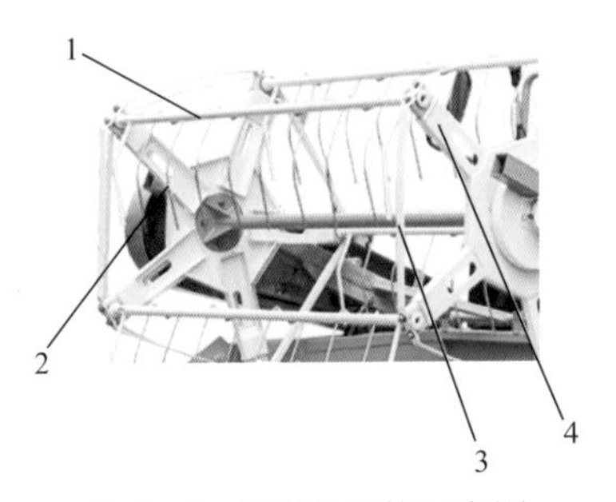

图 7-16 拨禾轮结构示意图

1. 拨禾杆；2. 弹齿；3. 拉筋；4. 偏心辐盘

图 7-17 拨禾轮调整示意图

3. 切割装置

切割装置也称切割器，是大豆联合收获机的主要工作部件之一，其功用是将大豆秸秆分成小束，并对其进行切割。切割器有回转式和往复式两大类，大豆联合收获机常用的是往复式切割器。

切割器的调整对收割大豆质量有很大影响。为了保证切割器的切割性能，当割刀处于往复运动的两个极限位置时，动刀片与护刃器尖中心线应重合，误差不超过 5 毫米；动刀片与压刃器之间间隙不超过 0.5 毫米，可用手锤敲打压刃器或在压刃器和护刃器梁之间加减垫片来调整(图 7-18)；动刀片底面与护刃器底面之间的切割间隙不超过 0.8 毫米，调好后用手拉动割刀时，割刀移动灵活，无卡滞现象为宜。

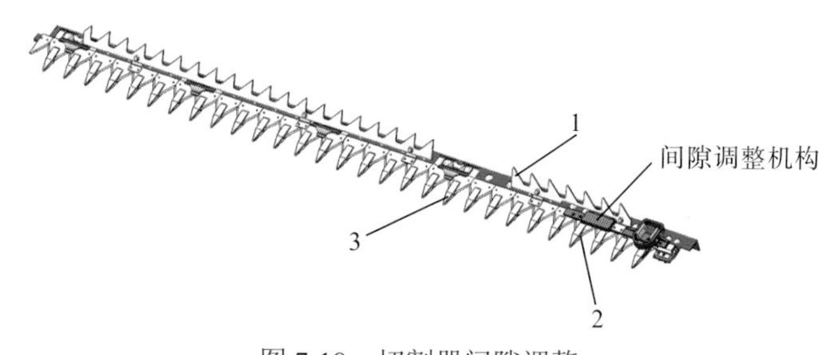

图 7-18 切割器间隙调整

1. 压刃器；2. 动刀片；3. 护刃器

4. 搅龙的调整

割台搅龙是一个螺旋推运器，它的作用是将割下来的作物输送到中间输送装置入口处。为保证大豆植株能顺利喂入输送装置，割台搅龙与割台底板距离应保持在 10～15 毫米为宜[图 7-19(a)]，调节割台搅龙间隙可通过割台侧面的双螺母调节杆进行调节[图 7-19(b)]；同时要求拨禾杆与底板间隙调整至 6～10 毫米[图 7-20(a)]，若拨禾杆与底板间隙过小，则大豆植株容易堵塞，间隙过大则喂不进去，拨禾杆与底板间隙可通过割台右侧的拨片进行调整[图 7-20(b)]。

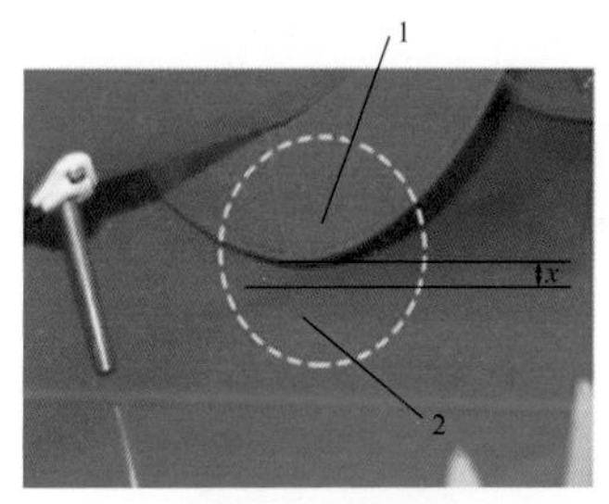

(a) 搅龙与底板间隙位置

(b) 搅龙调节杆

图 7-19　割台搅龙间隙的调整示意图

1. 搅龙；2. 底板；x. 搅龙和底板间隙

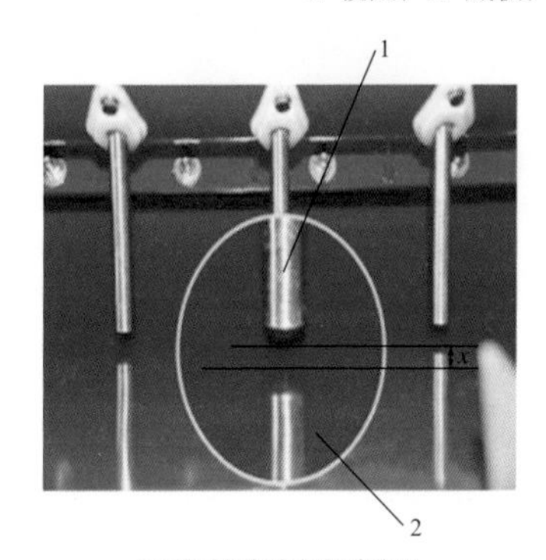

(a) 拨禾杆与底板间隙位置

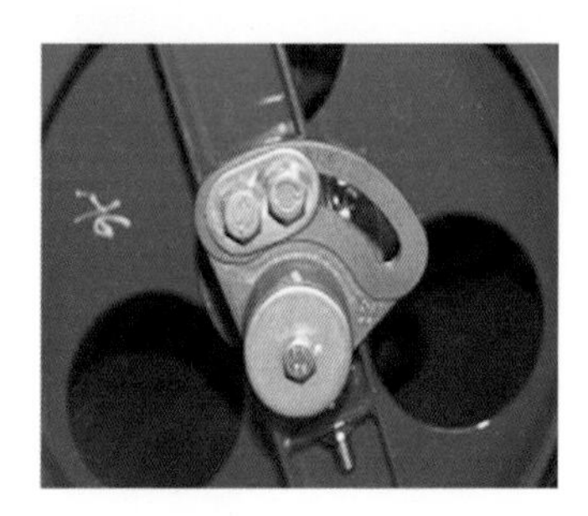

(b) 拨杆调节拨片

图 7-20　割台搅龙拨禾杆调整示意图

1. 拨禾杆；2. 底板；x. 拨禾杆和底板间隙

(二)中间输送装置的功能与调整

大豆联合收获机的中间输送装置是将割台总成中的大豆均匀连续地送入脱粒装置。

收获大豆用中间输送装置一般选用链耙式，链耙由固定在套筒滚子链上的多个耙杆组成，耙杆为L形或U形，其工作边缘做成波状齿形，以增加抓取大豆的能力；链耙由主动轴上的链轮带动，被动辊是一个自由旋转的圆筒，靠链条与圆筒表面的摩擦转动，上面焊有筒套来限制链条，防止链条跑偏。

在调整输送间隙时，可打开喂入室上盖和中间板的孔盖，通过垂直吊杆螺栓调节(图7-21)，被动轮下面的输送板与倾斜喂入室床板之间的间隙应保持在15～20毫米为宜。在调节输送带紧度时，输送带的紧度应保持恰当，使被动轮在工作中有一定的缓冲和浮动量，其紧度可通过调节输送装置张紧弹簧的预紧度来调整(图7-21)。

图7-21 中间输送装置调整示意图

(三)脱粒装置的功能与调整

脱粒装置是大豆联合收获机的核心部分，一般由滚筒和凹板组成，其功用主要是把大豆从秸秆上脱下来，尽可能多地将大豆从脱出物中分离出来。

1. 脱粒滚筒

按脱粒元件的结构形式的不同，滚筒在大豆联合收获机中主要有钉齿式、纹杆式与组合式三种。一般套作大豆收获选用钉齿式脱粒滚筒(图 7-22)，钉齿式脱粒元件对大豆抓取能力强，机械冲击力大，生产效率高。

图 7-22　钉齿式脱粒装置图

1. 脱粒滚筒；2. 钉齿

2. 凹板

如图 7-23 所示，大豆联合收获机中常用的大豆脱粒用凹板有编织筛式、冲孔式与栅格筛式三种。凹板分离率主要取决于凹板弧长及凹板的有效分离面积，当脱粒速度增加时凹板分离率也相应提高。

图 7-23　凹板结构示意图

3. 脱粒速度(滚筒转速)

钉齿滚筒的脱粒速度就是滚筒钉齿齿端的圆周速度，脱粒滚筒转速一般不低于 650 转/分钟时，才允许均匀连续喂入大豆茎秆。喂入时要严防大豆茎秆中混进石头、工具、螺栓等坚硬物，以免损坏脱粒结构和造成人身事故。

4. 脱粒间隙

如图 7-24 所示，安装滚筒时，需要注意滚筒钉齿顶部与凹板之间的间隙(脱粒间隙)，大豆收获机中通常都是采用上下移动凹板的方法改变滚筒脱粒间隙。通常钉齿式大豆脱粒装置的脱粒间隙为 3～5 毫米。

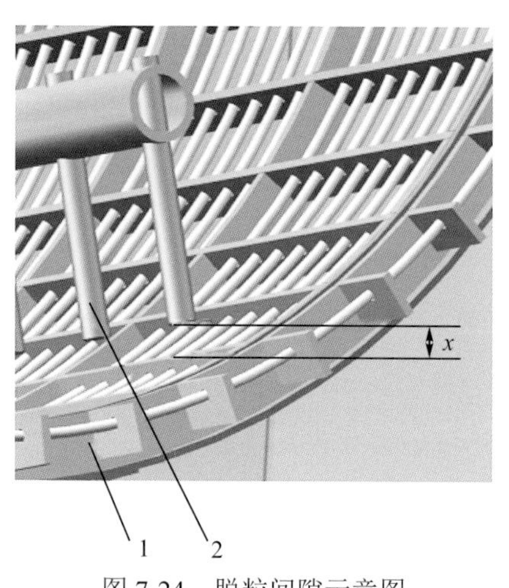

图 7-24 脱粒间隙示意图

1. 凹板筛；2. 钉齿；x. 脱粒间隙

(四)清选装置的功能与调整

清选装置的作用是将脱粒后的大豆与茎秆等混合物进行清选分离。主要采用振动筛-气流组合式清选装置，该装置主要由抖动板、风机、振动上筛、振动下筛等组成，工作原理是根据脱粒后混合物中各成分的空气动力学特性和物料特性差异，借助气流产生的力与清选筛往复运动的相互作用来完成大豆籽粒和茎秆等杂物的分离清选。

1. 清选筛开度调整

如图 7-25 所示，上筛片前段开度开到二分之一以上，其余开三分之一或更小；下筛片开三分之一或更小；尾筛开三分之一；尾筛后挡板与尾筛框平齐。

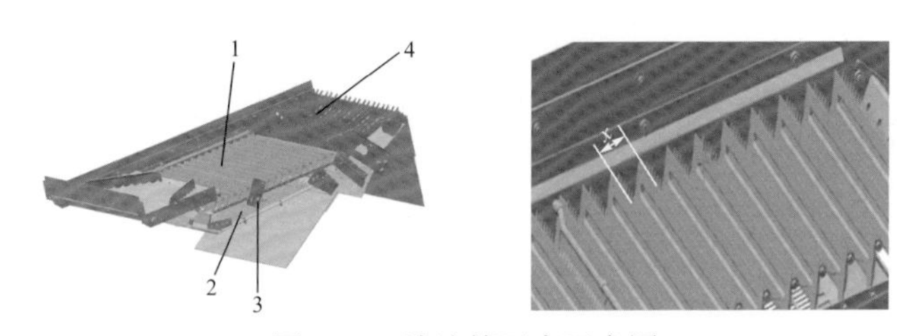

图 7-25　清选筛开度示意图

1. 上筛片；2. 下筛片；3. 调节转置；4. 尾筛；*x*. 为筛板开度

2. 风量调整

在选择收获机时尽量选用可调整风量与筛片开度的机具(图 7-26)，这样能够控制夹带损失。调整时，改变风量调节板开度来改变进风口大小，一般风机转速为 1000～1200 转/分钟。

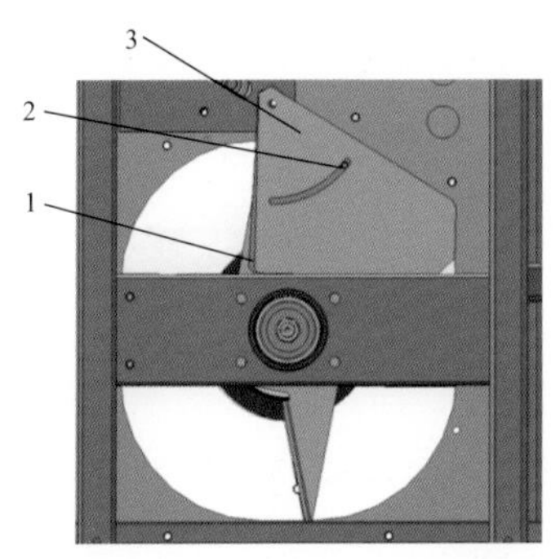

图 7-26　风量调节装置结构示意图

1. 下层风量调节板；2. 调节装置；3. 上层风量调节板

(五)行走装置的功能与调整

行走装置一方面是直接与地面接触并保证收获机的行驶功能，另一方面还要支撑主体重量。由于作业空间不大、田间路面复杂，要求收获机有较高的承载性能、牵引性能，常采用履带式底盘。

使用履带式收获机之前，应该检查两侧履带张紧是否一致，如图 7-27 所示，若太松或太紧可通过张紧支架调整，最后还需检查导向轮轴承是否损坏，若损坏需要及时更换。

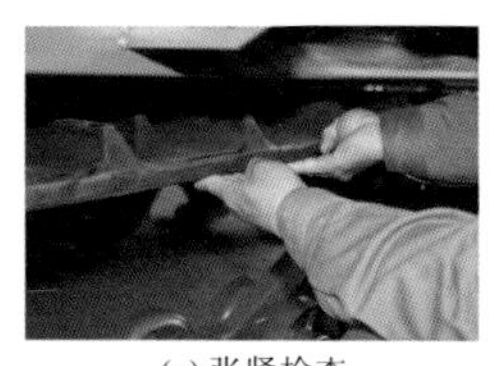
(a) 张紧检查

(b) 张紧支架调整

(c) 导向轮调整

图 7-27 行走装置调整示意图

三、收获操作技术

收获玉米带间大豆时，应保持收获机与两侧玉米有一定的距离，防止收获机压两边的玉米。收获大豆作业时，收获机的割台离地间隙较低，大豆植株都可喂入割台内。完成大豆收割后，用当地常用的玉米收获机收获剩下的玉米。具体注意事项如下：

第一，作业前应平稳结合作业装置离合器，油门由小到大，到稳定额定转速时，方可开始收获作业，在机具进行收获作业过程中需要注意发动机的运转情况是否正常等。

第二，大豆收获机在进入地头和过沟坎时，要抬高割台并采用低速前行方式进入地头。当机具通过高田埂时，应降低割台高度并采用低速的方式通过。

第三，为方便机具田间调头等，需要先将地头两侧处的大豆收净，避免碾压大豆；收获作业时控制好割台高度，将割茬降至 4～6 厘米内即可；在收获作业过程中保证机具直线行驶。

第四，大豆植株若出现横向倒伏时，可适当降低拨禾轮高度，但决不允许通过机具左右偏移的方式来收获作业；若出现纵向倒伏时，可将拨禾轮的板齿调整至向后倾斜 12°～25°的位置，使得拨禾轮升高向前。

第五，正常作业时，发动机转速应在 2200 转/分钟以上，不能让发动机在低转速下作业。收获作业速度通常选用Ⅱ挡即可；若大豆植株稀疏时，可采用Ⅲ挡作业；若大豆植株较密、植物茎秆较粗时，可采用Ⅰ挡作业。尽量选择上午进行收获作业，以避免大豆炸荚损失。

第六，收获一定距离后，为保证豆粒清洁度，机手可停车观察收获的大豆清洁度或尾筛排出的秸秆杂物中是否夹带豆粒来判断风机风量是否合适。收获潮湿大豆时，风量应适当调大；收获干燥的大豆时，风量应调小。

第四节　同时收获技术

同时收获技术有两种方式，一是采用当地生产上常用的玉米收获机和大豆收获机一前一后同时收获玉米和大豆，二是采用大型青贮收获机同时对玉米、大豆一起收获粉碎供青贮用。要实现玉米和大豆同时收获，必须选择生育期相近、成熟期一致的玉米和大豆品种。收获青贮要选用耐荫不倒、底荚高度大于 15 厘米、植株较高的大豆品种，以免漏收近地大豆荚。

若采用玉米大豆混合青贮，需选用割幅宽度在 1.8 米及其以上的既能收获高秆作物又能收获矮秆作物的青贮收获机。

一、混合青贮机具选择

生产中通常采用立式双转盘式割台的青贮收获机，喂入的同时又对籽粒和秸秆进行切碎和破碎。图 7-28 所示为常用青贮饲料收获机，主要参数见表 7-3。

(a) 顶呱呱4QZ-2100青贮饲料收获机

(b)美诺9265青贮饲料收获机

(c) 新研院4QZ-3000青贮饲料收获机

(d) 五征SMR1000H(4QZ-3)青贮饲料收获机

图 7-28 青贮饲料收获机

表 7-3 青贮饲料收获机参数

机型	外形尺寸(长×宽×高)/(毫米×毫米×毫米)	功率/千瓦	作业效率/(亩/时)	留茬高度/毫米	工作幅宽/米	生产厂家
4QZ-2100	5300×2100×3300	132	6.3～12.6.	≤150	2.1	河北顶呱呱机械制造有限公司
美诺 9265	7500×3100×3500	192	6.15～16.8	≤120	2.9	中机美诺科技股份有限公司
4QZ-3000	7260×3050×4220	176	4.8～9.3	≤150	3.0	新疆机械研究院股份有限公司
4QZ-3	6500×2130×3330	78	5.7～11.4	≤150	2.0	山东五征集团有限公司

二、青贮收获机主要部件和功能

割台(图 7-29)是自走式青贮饲料收获机工作的关键部件，其主要由推禾器、割台滚筒、锯齿圆盘割刀、分禾器、护刀齿、滚筒轴、清草刀等组成。

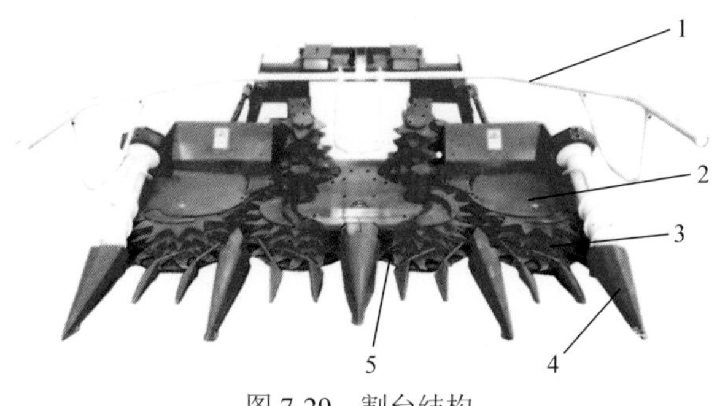

图 7-29　割台结构

1. 推禾器；2. 割台滚筒；3. 锯齿圆盘割刀；4. 分禾器；5. 护刀齿

自走式青贮饲料收获机割台工作时，作物由分禾器引导，由锯齿双圆盘切割器底部的锯齿圆盘割刀将青贮作物沿割茬高度切断，刈割后的作物在割台滚筒转动的作用下向后推送，经喂入辊将作物送入破碎和切碎装置，玉米果穗和秸秆首先通过滚筒挤压破碎后送入切碎装置中经过动、定刀片的相对转动将作物切碎，并由抛送装置抛送至料仓。

锯齿圆盘割刀的主要功能是将生长在田里的秸秆类作物割倒，并尽量保证实现较低割茬高度。一般情况下，切割器需保证切割速度获得可靠的切削，不产生漏割或尽量减少重割，锯齿圆盘割刀选择为旋转式切割方式作业，其由圆盘刀片座、圆盘刀片组成。

三、主要工作装置的使用与调整

圆盘割刀和喂入辊作为青贮收获机的主要工作部件，其工作性能的好坏将直接影响青贮收获机的作业性能和作业质量。因此在使用中应经常查看割刀的磨损及损坏情况，保持切刀的锋利和完好。

当喂入刀盘被作物阻塞时，应检查内部喂入盘的刮板，可将塑料刮板改为铁质刮板(图 7-30)，同时检查喂入盘内部与刮板的距离，此距离应为 2 毫米(图 7-31)。当喂入辊前方被作物阻塞时，应检查喂入辊弹簧的情况，可通过调节螺母来改变拉压弹簧的拉压情况(图 7-32)，也可通过加装铁质零部件来提高作物喂入角，改善喂入效果(图 7-33)。

(a) 塑料刮板

(b) 铁质刮板

图 7-30 将塑料刮板改为铁质刮板

图 7-31 调整喂入盘内部与刮板的距离

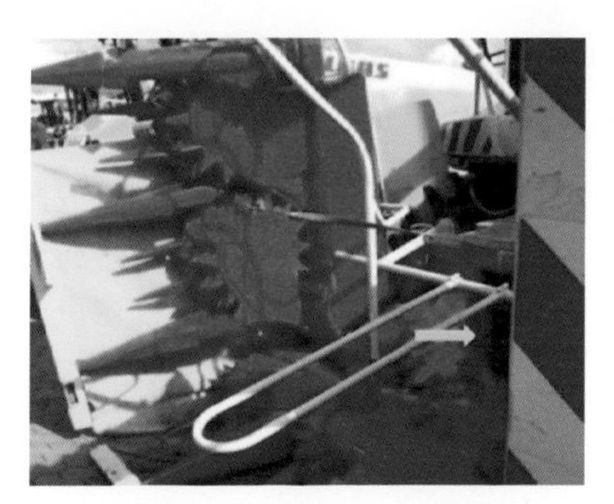

图 7-32　调整喂入辊弹簧

图 7-33　加装铁板提高作物喂入角

四、青贮收获机操作技术

收获前，对青贮联合收获机进行必要的检查与调整；其次要准备好运输车辆，只有青贮收获机和运输车辆在田间配合作业才能提高青贮收获机的作业效率。

收获过程中，驾驶员要观察作业周围的环境，及时清除障碍物，如果遇到无法清除的障碍物，如电线杆这类障碍物，要缓慢绕行。在机械作业过程中如果发现金属探测装置发出警报时，要立即停车，清除障碍物后方可启动继续作业。

收获时，收获机通常是一边收割一边通过物料输送管将切碎的青贮物料吹送到运料车上，从而完成整个收获工作。因此，收获过程中，青贮收获机需要与运料车并行，并随时观察车距，控制好物料输送管的方向。

待运料车装满后需要将收获机暂停作业，再换运料车。工作过程中，一是地内不能有闲杂人员进入，二是发现异常要立即停机检查，三是运料车上不允许站人。

第八章　应用中的误区

第一节　观 念 误 区

一、主辅分明，主高辅低

玉米、大豆均是我国主要粮食作物，但玉米产量高、比较优势突出，其生产地位一直高于大豆，在老百姓或政府心中只要能种玉米就不会选择大豆。生产中老百姓也把大豆当成配角，又或在大豆主产区把玉米当成配角，他们始终认为带状复合种植就是一个主产作物搭配一个附属作物，保证主产作物的产量，共生的大豆或玉米顺其自然，能收多少算多少，导致很长一段时间与玉米间套作的大豆产量停留在 50～80 千克/亩(图 8-1)；在大豆主产区的间作玉米也是根据当地传统机具随意间作，未能充分发挥种间互补优势，间作玉米产量远低于当地单作产量水平，亩产仅 200～300 千克，土地产出率低下，土地当量比仅为 1.1 左右，失去了间套作的增产增收优势。

玉米-大豆带状复合种植技术是在传统间套作的基础上创新发展而来，采用玉米带与大豆带间作套种，充分发挥高位作物玉米边行优势，扩大低位作物空间，实现年际间交替轮作，种管收机械化作业，玉米、大豆和谐共生，与单作玉米相比较玉米不减产，亩多收 100～150 千克大豆。

图 8-1　宽行大豆间套作 1～2 行玉米

二、工序太多，管理烦琐

示范过程中，特别是首次示范的地方，不少人听到玉米-大豆带状复制种植的第一反应就是“不就是间套作吗，我们过去搞过，环节多、费工费时，不能机械化，效益差，难于推广”。这些人忽略了这项新技术已实现了机械化同时播种、施肥和打药，仅仅只需要用玉米、大豆收获机具单独完成收获作业。

玉米-大豆带状复合种植技术可利用大豆根瘤固氮以培肥地力，减少化肥施用量，又或利用生物多样性，降低病虫害发生，减少农药施用量，实现可持续生产。但这并不意味着带状复合种植就不施肥、不打药，生产中，一些农户重种轻管，或者不愿管、不敢管。尤其是针对带状复合种植中处于弱势的大豆管理十分粗放，不施肥、不打药等问题突出，导致大豆长势弱、产量低。在病虫草防治(除)时考虑到玉米和大豆为两种不同类型作物，病虫草发生规律不相同，需要使用不同的除草剂与杀虫(菌)剂，认为分带施药费工费钱，还有农药漂移风险，存在不敢打的心理，导致田间杂草滋生、病虫害严重。

传承创新后的玉米-大豆带状复合种植技术实现了种、管、收全程机械化作业，农事作业次数相对单作并无增加，仅增加了大豆种子、肥料与机收成本，相对单作玉米成本仅增加 191.5 元/亩，较单作玉米亩增利润 372 元，有效实现了玉米、大豆协调共生、产量效益双提高。

三、人工操作，机械难进

间套作是传统农耕文明的技术瑰宝，受此影响，传统农业生产者普遍认为间套作无需机械化。加之，传统间套作行距与带距相对较窄，或不成带状种植(单行间套作)，达不到现有单作种管收作业机具的最低带宽要求，根本就不能机械化［图 8-2(a)］。除此之外，我国农业机械化发展起步迟于发达国家，现有的农机具主要针对单作研制，以中大型农机具为主。农机具生产商也主要将研发、销售目标瞄准适用于平原地区的中大型农机具，针对带状间套作的中小型农机具的研制尤为落后，针对带状间套作的中大型收割机尚未开发。因此，形成了间套作只能靠人工作业的思维定式，致使玉米-大豆带状复合种植技术在大面积应用过程中出现种植不规范、效率低、技术到位率不高等问题，应用推广面积与单产难以突破。

玉米-大豆带状复合种植研发团队采用带宽与带间距的双向扩展，有效确保了作业机具的通过性，解决了间套作下机具田间作业难题[图 8-2(b)]；与多家农机具生产企业联合，成功研制出了一系列中小型种、管、收作业机具，经过多年的改进和优化，农机具稳定性好、效率高。在此基础上，优化完善了农艺技术，实现了玉米-大豆带状复合种植农机农艺融合。

(a) 传统玉米-大豆套作

(b) 适宜机械化的玉米-大豆带状套作

图 8-2　玉米-大豆套作

第二节　品种选用误区

一、沿用单作高产品种

玉米-大豆带状复合种植在实现共生作物和谐生长、协调增产目标的驱动下，对田间株行配置进行了优化布局，但相对于单作仍增大了玉米种内竞争及玉米对大豆的抑制作用。对此，必须充分发挥作物品种的自身遗传特性，挖掘其品种潜力，减小带状间套作环境变化对其产量造成的负面影响。这就要求选配出适合当地带状间套作环境的玉米、大豆专用品种，而不能简单地沿用当地的单作高产品种，尤其是当地单作高产创建的推荐品种[图 8-3(a)]。带状复合种植系统中，玉米作为相对优势作物，其株型结构对大豆的生长发育、产量影响较大。根据多年多点试验示范结果，需选用株型紧凑、耐密植、抗倒伏的玉米良种，以降低玉米种内竞争，减轻对大豆的荫蔽影响[图 8-3(b)]；大豆则宜选配耐荫抗倒性强的优良品种。

(a) 松散型玉米与大豆套作

(b) 紧凑型玉米与大豆套作

图 8-3　松散型、紧凑型玉米与大豆套作

二、未能考虑品种匹配性

带状复合种植的核心技术“选配品种”不是一个简单的品种筛选过程，而是根据共生作物的生长环境需要，再次搭配的结果，既要求作物自身的生态适应性强、品种产量潜力高，又要求能为共生作物创造良好的环境条件，实现和谐生长。而生产中往往忽略了紧凑型玉米品种与耐荫型大豆品种的搭配，造成玉米、大豆难以良好共生。要么认为只要玉米株型满足紧凑或半紧凑，大豆品种可以随便选用当地品种；要么认为大豆品种耐荫抗倒性强，玉米就可以用株型松散型品种。最终造成玉米产量保住了，大豆产量仍然达不到目标。这一现象在南方体现为玉米品种沿用松散型主推品种、大豆沿用春大豆不耐荫型品种，如四川省早期示范推广过程中选用的春大豆系列品种造成植株倒伏严重，亩产量仅有30～40千克，而更换为‘南豆12’、‘贡选1号’等品种后亩产量可达到130～160千克；黄淮海地区玉米品种通常株型紧凑，但大豆耐荫品种较少，如安徽省阜阳市试验示范初期因为没有适宜的品种，选用当地单作下较为耐荫的‘皖豆33’，其间作后仍表现为植株高大、易倒伏、花荚较少，单株粒数仅20～30粒，与单作的90～130粒相差甚远，亩产量不足60千克；而山东省禹城市选用耐荫品种‘齐黄34’，千亩示范片带状间作玉米、大豆平均亩产分别达到538.7千克与129.4千克。

第三节　技术与机具误区

一、田间配置不合理

（一）行比带距不规范

1. 生产单元宽度过宽过窄

一些地方受传统间套作种植观念的影响，在带宽设置上基本沿袭过去单作或传统单行间套作的宽度，又或依据现有的作业机具来设置带宽，导致间套共生作物的边际优势丧失、种间竞争过大，产量过低。一方面，玉米带间距过小有利于玉米高产而不利于大豆高产，如宁夏银川市试验初期，采用玉米、大豆2∶3间作模式，玉米带间距离为1.4米，平均85厘米的玉米行距与单作基本相当，玉米密度达到6000株/亩，亩产783千克，相对单作玉米基本不减产；但矮秆作物大豆则因玉米的严重荫蔽而出现藤蔓化生长，株高达到2～3米，落花落荚严重，单株粒数仅10～20粒，亩产仅43.5千克；此外，较小的玉米带间距也不利于机械作业，降低了播种、田间管理与收获效率，极不受规模化作业的新型经营主体欢迎。另一方面，玉米带间距过大虽有利于大豆高产，但不利于玉米高产，如宁夏固原市原州区沿用当地大豆种植习惯，将一个生产单元宽度扩大为3.15米，玉米、大豆行比2∶4间作，玉米带间距2.75米，大豆亩产高于120千克，但玉米产量较单作降低20%以上；又如石家庄市藁城区根据当地田块浇水和大豆机收习惯将一个生产单元宽度扩大到2.9～3.2米，玉米大豆行比2∶4间作，玉米带间距2.5～2.8米，大豆亩产超过150千克，但玉米产量较单作降低30%左右，综合效益不高。包头市土默特右旗为了便于当地大中型玉米、大豆收获机进地作业，采用4行玉米间作6行大豆，一个生产单元宽度达到了3.9米，大豆亩产超过了120千克，但玉米亩产较单作降低30%，综合效益低。

2. 行比不恰当、带间距不适合

根据核心技术要求，玉米大豆适宜行比为2∶2～6，适宜带间距为60～70厘米，这样才有利于降低玉米对大豆的荫蔽抑制作用，有利于玉米大豆和谐共生。但现实生产中往往根据传统耕作习惯或播种机整机宽度来安排行比和带间距，以方便机具操作手提高作业效率，这就导致农艺问题频出，种内种间竞争加剧，达不到资源高效利用和土地高产出的目的。

第一，玉米带过宽、带间距过窄。表现为2行玉米的带宽达到50～70厘米，玉米带与大豆带间距低于50厘米。造成这种现象的原因，一方面是对农机手的技术培训不到位，使其操作不规范，未用好划线器以及对玉米带距判断不准确；另一方面是传统播种机单体间的最大距离较小，不能满足玉米带与大豆带间距为60～70厘米的要求。如贵阳市某试验示范基地玉米带宽50～60厘米，大豆带与玉米带间距仅30～40厘米，玉米大喇叭口期后两带间的叶片相互交叉，大豆得不到充足的光照，生育后期基本处于匍匐生长，荚少、籽粒发育不良，亩产50～70千克；又如吉林省公主岭市沿用当地起垄习惯，玉米带宽为65厘米，两玉米带间的距离为1.95米，2∶2间作，虽方便了机播作业，但玉米与大豆的密度均达不到技术要求，产量低于单作，间作优势未能有效发挥。

第二，玉米带过宽、带间距适宜。生产中，即使采用玉米-大豆带状复合种植专用播种机，也会出现玉米带过宽、带间距适宜的问题。原因是划线器作用不明显，特别是在黄淮海地区，麦后贴茬免耕播种，田间麦茬过高，秸秆量过大，划线器用处不大，农机手靠眼力掌握玉米带的宽度，很容易出现带宽过大，如山东省禹城市示范初期，因为前茬小麦收获时留茬过高，秸秆量大，严重影响了农机手对播种机调头换行后40厘米玉米带宽的控制，带宽达到50～70厘米，无形中加大了作物的计产行距，玉米、大豆密度随之下降，最终产量降低15%左右；农机手抢速播种，转弯衔接处太宽，玉米带行距超过40厘米，甚至高达80厘米，密度降低500～1500株/亩。

第三，玉米带和大豆带的带宽适宜、带间距过宽。生产中，由于西北地区需覆膜种植，现有的玉米-大豆带状复合种植(2行玉米∶3～4行大豆)专用间作播种机尚不能同时实现覆膜播种，当地经营者便利用本地的播种覆膜机实施两台机子同步播种。在同步播种过程中，极易出现玉米带与大豆带间距过宽的问题，如包头市东河区沙尔沁镇某种植基地，播种采用的是2行玉米播种机和3行大豆播种机同步作业，玉米带与大豆带的间距达到了70～80厘米，致使整个生产单元宽度过大，玉米、大豆密度减少10%左右，产量相应下降。

（二）密度不足

带状复合种植条件下，要实现玉米、大豆和谐生长和双高产，合理的群体密度是关键。增密技术是当今玉米、大豆等作物增产的关键技术手段，玉米-大豆带状复合种植在作物计产行距增大的同时，利用缩株保密技术，有效确保了主产作物玉米密度与单作密度相当。在未尝试过该技术前，人们的认识都是“玉米株距太小、密度太高，种出来不是倒伏，就是果穗小，产量肯定上不去”。

在生产中，也常常出现作物密度计算方法错误，仅按作物占地面积计算行距，然后以此计算密度[图 8-4(b)]，最终导致株距设计偏高、全田设计密度偏低，群体产量严重下降。调查发现，受传统替代式间套作思维影响，一些试验示范区作物占地面积内的株行距与单作基本一致，致使全田实际密度仅有单作的一半或成比例减少。正确的密度计算方法是根据两作物所占带距的全田面积计算平均行距与株距，然后以此计算密度[图 8-4(a)]。

图 8-4 根据不同占地面积计算作物种植密度

(a)根据两作物全部占地面积计算，大豆计产平均行距 100 厘米，株距按 10 厘米计算，密度为 6667 株/亩；

(b)根据单个作物实际占地面积计算，大豆计产平均行距 50 厘米，株距 20 厘米就达到 6667 株/亩，但实际全田大豆密度只有 3333.5 株/亩。

除此之外，机具选用不当或机具播种不规范造成缺苗断垄，难以达到高产目标下的密度设计要求。一是沿用当地单作播种机播种玉米，株距偏大(16 厘米以上)，无法达到技术要求的小株距(8～14 厘米)，导致密度下降 1000～2000 株/亩。二是当地大水漫灌设置的播种畦宽与该技术的生产单元宽度不匹配，玉米、大豆行距过大，密度大幅度下降；三是播种机质量和播种质量不高，缺苗断垄严重。播种机仿形效果差，播种深浅不一致，大豆出苗差，缺苗断垄；农机手播种速度过快，造成漏播缺苗；麦后秸秆量过多，造成堵塞，轮子打滑不下种，断垄。

二、施肥技术不科学

(一)施肥量不够

在保证玉米密度的基础上，要确保与单作玉米产量相当，就必须施用与单作玉米相当的用肥量，即单株施肥量与单作单株施肥量一致。而现实生产中，带状复合种植玉米株距小，单位行长的密度成倍增加，施肥量却为单作玉米单位面积或单位行长的水平，特别是氮肥，单株施肥量仅为单作玉米的一半左右。这与沿袭传统肥料计算方法有关，即按传统单作玉米单行肥料用量或占地面积来确定肥料用量，或直接按传统施肥播种机单行施肥用量来调整带状复合种植播种施肥机上的肥料刻度，忽略了带状复合种植株距减小后单位行长肥料用量必须成比例增加这一特点，造成种肥用量严重不足。若后期补施，既影响了玉米前期生长，又增加施肥工作量与成本。

生产者对大豆用肥出现误解，认为大豆既然固氮，那就什么肥都可以不施，造成一些土壤瘠薄及养分易流失区植株缺肥，尤其是对一些土壤根瘤菌不活跃、结瘤效果差的地区，需要外接根瘤菌以增强结瘤固氮能力或直接施用氮肥加以补充，比如西北地区因为干旱缺水、土壤微生物相对不活跃，大豆结瘤较少、固氮量不够，生产中需要注意增施氮肥；而黄淮海二熟制与西南三熟制地区大豆受前茬小麦土壤残留氮影响，土壤氮通常较为充分，但磷、钾元素不足，需在种肥中加以补充。

（二）施肥方法不当

全田撒施玉米底肥、全田撒施或漫灌追施玉米攻苞肥，造成原本施用给玉米的氮肥被大豆利用，既造成玉米吸肥量不够、穗子变小、产量降低；又使得大豆因吸氮过多，植株旺长、倒伏，花荚脱落率增高，荚数减少，产量降低。如甘肃省张掖市试验示范期间因玉米大喇叭口期漫水灌溉施肥，造成大豆在未施任何肥料的情况下出现花后疯长，植株增高、叶片肥大、荚果因脱落而稀少，亩产量仅70～80千克。

除施肥方式外，肥料搭配上只注重氮、磷、钾大量元素，缺乏微量元素及叶面肥的配合施用，尤其是大豆对铁、钼、锰等微量元素较敏感，在干旱、滞水等不利环境下需适量施用微肥或叶面肥，以增强抗逆性与结瘤固氮能力，或弥补前期大量元素不足对植株造成的影响。

三、化学除草方法不当

（一）封闭除草不准确

根据当地杂草发生特性，选用与之相匹配的封闭除草剂是实现玉米-大豆带状复合种植芽前封闭除草的关键，但要根据土壤质地条件合理搭配除草剂及喷施技术，否则将会影响封闭效果。如西北地区，播种时土壤温湿度较低、田间无其他杂草，这时就需要通过加大喷药量以形成地表“药膜”；而采用免耕秸秆覆盖的黄淮海地区，由于播种时田间原有少量杂草或已出土的残留麦芽，需要在原来的封闭除草剂中添加阔叶类杂草除草剂，以达到封杀结合的效果，为后期定向除草减轻压力。此外，封闭除草剂施用后要及时注意田间水分管理，如果持续干旱、田间含水量过低，有条件的地方需要及时喷灌表层水，以形成药膜，增强封闭效果。生产中往往忽略这些，凭经验施药，造成封闭效果不佳；苗期杂草整齐不一，定向除草时期判断不准，直接影响全生育期的除草效果。

(二)定向除草不隔离

由于禾豆兼用型除草剂缺乏，苗后定向除草成为解决玉米、大豆单双子叶除草剂不兼容的有效手段，生产者也明白两作物不能混打，生产中都选择了玉米专用型或大豆专用型除草剂，但未实施有效的分带隔离，造成药害时有发生。此外，未及时除草，错过了最佳防除时机，出现田间杂草越长越多、越长越难除的现象。